草本盆景
制作与养护

CAOBEN PENJING
ZHIZUO YU YANGHU

兑宝峰 编著

中国林业出版社

作者介绍

兑宝峰 笔名玉山。《中国花卉报》特约记者，仙珍圜论坛总版主，中国花卉协会盆栽植物分会多肉植物产业小组专家。

著有《玩转多肉植物》《盆景制作与赏析——松柏·杂木篇》《盆景制作与赏析——观花·观果篇》《掌上大自然——小微盆景的制作欣赏》《我家的奇花异草》《盆艺小品》《多肉植物图鉴》《树桩盆景造型与养护宝典》等书。

图书在版编目（CIP）数据

草本盆景制作与养护 / 兑宝峰编著. — 北京：中国林业出版社, 2019.9

ISBN 978-7-5219-0257-0

Ⅰ.①草… Ⅱ.①兑… Ⅲ.①盆景－观赏园艺 Ⅳ.①S688.1

中国版本图书馆CIP数据核字(2019)第199058号

封面作品：梁燦祥
责任编辑：张 华
出版发行：中国林业出版社（100009 北京西城区刘海胡同 7 号）
电　话：010-83143566
印　刷：固安县京平诚乾印刷有限公司
版　次：2019 年 11 月第 1 版
印　次：2019 年 11 月第 1 次印刷
开　本：889mm×1194mm　1/16
印　张：11
字　数：400 千字
定　价：68.00 元

前言

PREFACE

　　草本盆景，是在传统竹草盆景的基础上扩充而来的。除了植物学意义上，包括竹子在内的草本植物外，还涵盖了多肉植物以及爬山虎、竹柏、袖珍椰子、棕竹、芙蓉菊等半灌木、木本、藤本植物的小苗。具有材料易得、制作简单、成型时间短等特点。尽管草本植物包含了大多数类型的多肉植物，但由于二者在形态及习性上有着较大的差异，故将其分为竹草类盆景和多肉类盆景两个独立的篇章，分别介绍。

　　草本植物与盆景有着深厚的渊源，"盆景"一词最早出现在北宋文人苏轼所著的《格物粗谈》一书："芭蕉初发分种，以油簪横穿其根二眼，则不长大，可作盆景。"而成书于清代嘉庆年间，由五溪苏灵著的《盆景偶录》，则把兰、菊、水仙、菖蒲等4种草本植物称为"花草四雅"。

　　《草本盆景制作与养护》介绍了不同类型的植物86种。由于这是一本盆景书籍，采用的是盆景界约定俗成的植物名字，为了便于读者查阅相关资料，标注了中文学名及拉丁名。所涉及的植物学名及拉丁名以《中国植物志》（网络版）、《中国植物图像库》（PPBC，网络版）、《花卉图片网》（网络版）以及《多肉植物图签》（兑宝峰 编著）为基础，同时参阅其他文献资料。

　　本书在撰写过程中得到了盆景世界公众号的刘少红，日本的铃木浩之，天津的张旭，福建王文鹏，湖北范鹤鸣，郑州的杨自强、张国军、杨海燕、尚建贞、张敏、计燕、于雅楠、王小军，开封的王松岳、张燊，焦作的王念勇以及郑州植物园、郑州人民公园、郑州绿城广场、郑州碧沙岗公园、郑州陈砦花卉市场、郑州贝利得花卉有限公司、敲香斋花店等个人和单位的大力支持（以上排名不分先后），特表示感谢。本书的部分照片摄自第七届中国（南京）盆景展、第八届中国（安康）盆景展、第九届中国（番禺）盆景展暨首届国际盆景协会（BCI）中国地区盆景展、第三届全国（扬州）网络会员盆景精品展、第十七届青州花博会、首届中国（青州）多浆（多肉）植物展。所选用作品的题名、植物名称及作者（收藏者）名字以展览时的标牌为准，但对于有明显错误的植物名称进行了纠正；对于同一件作品在不同展览所标署的不同作者名字，以拍照时的展览标牌为准。

　　水平有限，付梓仓促，错误难免，欢迎指正！

兑宝峰

2019年9月

目录

CONTENTS

竹草类盆景

多肉类盆景

参考文献

概述

GAISHU

盆景，是大自然的浓缩和精华，也是大自然的艺术化再现。制作草本盆景，应以此为宗旨，结合植物的自身特点，采用不同的技法，制作出造型丰富、自然生动的盆景作品。

草本植物与草本盆景

CAOBEN ZHIWU YU CAOBEN PENJING

日本菊花盆景组合
张桑 提供

　　植物，有木本与草本之分。其中的草本（Herb）植物，俗称"草"，具有木质部不甚发达的草质或肉质的茎。与被称作"树"的木本植物相比，其茎柔软多汁，支撑能力较弱，植株也相对矮小，但也有例外，像竹子、香蕉等，虽然是草本植物，因植株比较高大，有着较强的支撑能力，往往被看成"树"。按生长周期的不同，草本植物有一年生、二年生、多年生之分。其中多年生草本植物又可分为常绿草本植物和宿根草本植物，前者全年都能保持常绿状态，后者则在寒冷的冬季或其他环境不利的情况下，地上部分枯萎，根部留在土壤中越冬，等翌年春季气候转暖后或外界环境适应其生长的时候再萌发新芽继续生长。此外，还有一种介于木本植物与草本植物之间的半灌木，其植株相对矮小，仅下部枝条为多年生，并有木栓组织保护，而上部枝条是一年生的，在越冬时常常枯死。

　　多肉植物也称多浆植物、肉质植物。它们的根、茎、叶等三种营养器官中至少有一种或两种具有发达的薄壁组织，以贮藏水分，因此外形显得肥厚膨大，看上去肉肉乎乎的。由于这些植物大部分产于热带或亚热带沙漠地区，也被称为"沙漠植物"或"沙生植物"，但这种称呼是不确切的。因为并不是所有的多肉植物都生长在沙漠地带，也有不少种类是生长在高山、岩石、海边、草原、热带雨林等地带，而且沙漠中还生长着许多不是多肉植物的植物。多肉植按肉质化部位的不同，大致可分为叶多肉植物、茎多肉植物、茎干状（俗称"块根类"）多肉植物三种类型。其中除茎干类有少量种类为木本植物外，其余两种类型均为草本植物。

　　说到多肉植物盆景，不能不说说老桩。所谓老桩，是那些生长多年、有明显主干或分枝的老株，像景天科石莲花属、莲花掌属、天锦章属等的不少种类生长到一定的年限后，都会成为老桩。其苍劲古雅、意趣天成，是制作盆景的佳品。老桩虽然美，但也不是没有风险的，因为这些老桩的枝干都已经老化了，其生命力较弱，恢复长势缓慢，养护不当甚至造成植株死亡。而且多肉植物的枝干较脆，运输途中很容易折断或者叶子脱落，虽然说折断的枝干可以扦插成活，但毕竟影响了老桩的形态。

块根类多肉植物，其茎基肥大古朴，并有皴裂或纵裂，像漆树、橄榄、柳叶麒麟、葡萄瓮、螺旋牵牛以及仙人掌科的岩牡丹等等，在国外的一些多肉植物展中用其制作盆景（尽管展出时并没注明是盆景，但已有着盆景的主要特征）。由于种种原因，这类植物在国内盆景制作中应用的并不是很多，但其独特而古朴的造型还是吸引了不少的爱好者。

用多肉植物制作盆景，具有繁殖容易、成型快、耐干旱、养护简单等优点。多肉植物有着很

好的耐旱性，不需要经常浇水就能够生长良好，往往数日，甚至十天半月不浇水，也不会对植株造成较大的影响，这点非常适合生活节凑较为紧张的都市人家制作观赏。

爬山虎、棕竹、袖珍椰子、竹柏等木本植物的小苗以及一些小型观叶植物，因盆景制作方法、特点与草本植物盆景相同，都具有植株矮小、造型方法简单、成型时间短等特点，故也列为草本植物盆景的范畴。

因此，广义上的草本盆景除了植物学意义上包括竹子在内的草本植物、半灌木外，还涵盖了多肉植物以及某些种类的木本植物的小苗。由于多肉植物与其他类型的草本植物形态、习性相差甚大，故将二者分为竹草类盆景和多肉类盆景两个独立的篇章，分别介绍。

沧桑
彭甫凯 作品

玉叶盆景
玉山 摄影

竹盆景
王小军 作品

彩叶麒麟盆景
兑宝峰 作品

德国鸢尾盆景
兑宝峰 作品

爬山虎盆景
兑宝峰 作品

速成盆景

速成盆景是草本盆景的重要组成部分。所谓速成盆景，是指那些上盆即能观赏的盆景，因其表现的内容较为时尚，故也称时尚盆景、现代盆景，尽管此类盆景造型方法相对简单，也需要有较高的审美观和艺术修养才能制作出优秀的作品。其内容丰富而活泼，形式有组合盆栽、植物造型、微景观、植物拼盘、容器花园等。它以植物为主体，盆钵等器皿为载体，辅以各种摆件、小饰物，营造多种风格的景观，或华丽或时尚，或优雅或浪漫，总之，只要能想象得到景意，就能在载体中表现出来。

尽管速成盆景对植物类型要求不严，但受其表现内容及制作方法的影响，草本植物、多肉植物和木本植物的小苗应用较为普遍。上盆时也不需要过多的修饰，只是根据需要将其植入盆中即可。并注意高低错落，前后呼应，主次分明，尤其不能过于密集，为植物以后的生长留下必要的空间，以利于其正常生长。

总之，速成盆景是想象力和创意的集中体现，它无拘无束，自由活泼，"将梦想中的家园变成现实版的微景观"是其宗旨，这是当代年轻人突出个性、享受自然、追求时尚的特性在园艺生活中的表现。

思
玉山 摄影

小憩
玉山 摄影

宿梦
戴大敏 作品

山野草

山野草，顾名思义就是来自大山旷野的草。其实盆景中的"山野草"另有含义。山野草，也称饰草，是指一些富有野趣的装饰性草本植物，可用于搭配各种盆栽、盆景、赏石、文玩等，也可衍生为其他装饰性植物的统称。在盆景展览中，为了提升展示效果，增强装饰趣味性，常用山野草作配景，将其放在主树下面（在日本，山野草又称"下草"，即树下之草），来展示盆景所要表达的自然风情和山野逸趣。可以称为山野草的植物很多，除植物学意义上的草本植物外，还包括多肉植物、藤本植物，甚至一些木本植物的小苗，总之，只要能够展现天然野趣、具有一定景观效果、可以在小盆中正常生长的植物，都可划归"山野草"的范围。山野草是当代人追求自然、崇尚自然的体现，像备受推崇，曾红极一时的菖蒲就是山野草的一个类型。

山野草虽然追求的是"野趣"，但也要野的有度，切不可杂乱无章，否则作品必将是泛自然化，而不是艺术品。可根据植物的特点和习性，扬长避短，对植物进行适当地修饰整形，剔除凌乱的部分，使之"野"而不乱，利用植物的自然美，盆器的艺术美，以简洁扼要的布局，使之虽小但不失艺术的完整性。并根据需要在盆面铺青苔，点缀奇石，以增加自然和谐的韵味，还可与一些瓷质或陶质的工艺品、观赏石组合搭配，营造出古雅自然、意境悠远的氛围。

作为配景的山野草
铃木浩之 提供

作为配景的山野草
铃木浩之 提供

🔒 姬十二丹盆景
敲香斋 作品

🔒 假升麻盆景
铃木浩之 提供

🔒 日本山野草组合
铃木浩之 提供

选择及来源

草本盆景的素材

CAOBEN PENJING DE SUCAI
XUANZE JI LAIYUAN

⑤ 野生状态下的苔藓
雷利 摄影

用于制作盆景的草本植物要求习性强健，移栽易于成活，形态不过于怪异，如此，才能以小见大，表现大自然之美景。而玉扇、万象等种类的多肉植物以及蒲包花等草本植物，形态虽然奇特有趣，但却没有大自然中植物的共性之美，就不太适合制作盆景了。其素材来源可通过采挖、购买以及播种、分株、扦插等人工繁殖等渠道获得。

采挖 相对于木本植物，草本植物在地球上分布范围更为广泛。可在不破坏生态环境的前提下进行采挖。一般在春季或生长季节进行，采挖时注意多带宿土，可用塑料袋或苔藓、湿毛巾等物将根部裹起来，以保鲜保湿，有利于成活。

购买 网络店铺以及花卉市场或花卉生产基地、大棚中的不少花草都可以用来制作盆景，像仙客来、蝴蝶兰、网纹草、小红枫酢浆草、袖珍椰子、棕竹、文竹、竹柏的幼苗以及多肉植物等，可选择形态、规格合适者购买，制作盆景。

播种 这是自然界大部分植物，尤其是高等植物的主要繁殖方法。大部分植物的种子一般在秋季成熟（也有一些植物是在其他季节成熟），采集后除去果壳、果肉等杂质，放在干燥冷凉之处贮藏，等翌年春天播种。当然，对于某些植物也可在种子成熟后随采随播，而对于一些夏季休眠的植物也可在秋天播种。

分株 就是将丛生的植物从根部分开，分别栽种，使其成为新的植株。多结合春季或生长季节翻盆进行。

扦插 主要用于多肉植物或某些种类的多年生草本植物，包括茎插、根插、叶插等方法，一般在生长季节进行，扦插所用的土壤要求清素，不必含有太多的养分，以免腐烂，有利于生根，常用的有蛭石、砂子等材料。

对于多肉植物，扦插前一定要晾几天，等伤口干燥后再进行，插后也不要浇太多的水，保持土壤稍有潮气即可，这些措施都是为了避免伤口感染腐烂。

对丁其他类型的草本植物，插穗剪后应做好保鲜保湿工作，插后还可用透明的塑料袋将花盆罩起来，进行保温保湿，以提高成活率。

压条、嫁接等繁殖方法在木本植物中经常使用，但很少用于草本植物及多肉植物，尤其是适合制作盆景的草本植物；而组织培养（组培）因其对设备条件的要求较高，一般家庭很难做到，这些就不作过多的介绍了。

石韦

野生状态下的蕨类植物

野生状态下的石菖蒲

叶插的多肉植物

野生状态下的淫羊藿

野生状态下的兔儿伞

盆器的选择

不同款式的盆器
玉山 摄影

盆，是景的载体，没有盆，盆景也就无从谈起。需要指出的是，盆景中的"盆"是一个广义的概念，除通常意义上的盆外，还包括能够栽种植物的枯木、树根、杯、茶壶、山石、石板等。总之，盆景中的"盆"是一个栽种植物的器皿，而不是单纯的盆。

盆以材质分，有瓦盆、塑料盆、紫砂盆、釉陶盆、石盆以及水泥盆、竹木盆、藤编盆、铜盆等。其中的瓦盆、塑料盆价格低廉，不甚美观，主要用于育苗或素材的培育。目前使用较为广泛的是紫砂盆、瓷盆、釉陶盆和石盆。

盆的形状则有正圆形、椭圆形、正方形、长方形、六角形、八角形、菱形、海棠花形、不规则形等多种形状，此外还有模仿觚、鼎、香炉、花瓶等古玩形状。其深浅也有很大的差异。在长期的使用中，还形成了固定的称谓。像端庄的长方形马槽盆、高耸的签筒盆、方正的斗盆以及浅盆、菖蒲盆、异形盆、残缺盆、时尚盆。

什么样的植物配什么样的盆也有讲究，有时同一棵植物，配不同的盆，尽管效果都不错，但风格却迥异。

与其他类型的盆景一样，草本植物盆景在选择盆器时首先要注意大小深浅是否合适，若植物大而盆小，如同小孩儿戴大帽，重心不稳，有头重脚轻之嫌，而且因盆小土少，养分和水分都不能满足植株的需要，会使得植物生长不良，由于盆器小，水分蒸发较快，需要经常经常浇水，日常管理也比较繁琐。反之，如果植物小而盆大，会给人以小孩儿穿大鞋的感觉，比例失调，影响美观。一般来讲，盆的直径要比树冠略小一些或大小基本一致，也就是说植物的枝叶要伸出盆外一些，至于伸出多少为宜，就要根据具体情况而定了。

盆钵的深浅、式样也要根据盆景的造型而定，像悬崖式盆景宜用高深的签筒盆（当然，也可采用中等深度的盆器，但要置于较高的架子上欣赏），以表现其倒挂崖壁的风采；丛林式、水旱式盆景宜用浅口盆，以表现视野的开阔；山野草则适合用中等深度或稍浅一些的盆。

盆的颜色与植物的颜色也不容忽视，植物的颜色深者宜用浅色盆，反之宜用深色盆，绿色枝叶植物不要用绿色盆，总之，二者的颜色不宜相同，要有一定的差异才会显得美。当然，也有一些颜色的盆适合于各种盆景，像肝紫色的紫砂盆适用于各种植物盆景，白色浅盆适用于多种颜色的水旱盆景，此外，还要注意盆的颜色不宜过于鲜艳，像鲜红、橙红、橙黄等颜色，盆壁上的装饰图也不要过于繁琐，以免喧宾夺主，影响作品的表现力。

茶壶内的姬虎耳草
敲香斋 作品

汉白玉浅盆
玉山 摄影

在枯木上种植的多肉植物
敲香斋 作品

野趣
王燕飞 作品

在山石上种植的多肉植物
敲香斋 作品

草本盆景造型技法

CAOBEN PENJING ZAOXING JIFA

野趣 兑宝峰 作品

雅趣 兑宝峰 作品

相对于木本植物，草本植物的形态更具多样性，有些种类与常见的木本植物有着不小的差别。因此在制作盆景时要综合考虑，使作品既有物种的自身特点，又有艺术性。草本植物植株相对矮小，茎的质地柔软，支撑能力较弱，生命周期短。可根据这些特点，采用修剪、改变种植角度、利用植物的趋光性等技法造型。因其表皮相对柔嫩，容易破裂，除爬山虎、芙蓉菊等个别种类外，很少采用蟠扎造型，以免勒破表皮，甚至将茎枝勒断，故就不作过多的介绍了。

上盆

上盆，是制作草本植物盆景的基本功之一，有些植物不需要蟠扎、修剪等技法，直接上盆就是一件很好的作品。但盆的选择及植物在盆中位置、栽种角度却大有讲究，可视作一种造型技法。一般来讲，不论什么样造型的盆景，植物不宜在盆器的正中央，这样会显得作品呆板，缺乏灵气。植物最好在盆器的1/3处，这样看上去较为顺眼。

植物的种植角度也是不可忽视的，如有些植物的主干直而无姿，可尝试斜着栽种，使之有一定的动势，以打破僵硬的格局。此外，还可利用植物自身的趋光性和向上生长的习性，将直立的植株斜着，甚至平着栽种，其顶部就会向上生长，等长到合适的高度时再将其恢复原来的角度，这样就会形成一个自然和谐的"弯儿"，此法常用于枝干质脆、蟠扎易折断、生长速度较快的草本植物。

修剪 就是剪除盆景中的多余部分，留其所需，补其所不足，以扬长避短，以达到树形优美的目的，并能加强树体内部的通风透光，有利于植物的健康生长。修剪是盆景造型的基本技法，就草本植物而言，主要有疏剪、短剪、缩剪等方法，修剪时间一般在生长季节。

盆面美化

PENMIANMEIHUA

盆面美化是盆景中不可忽视的重要组成部分，其主要作用是遮盖盆土，营造自然起伏的地貌景观，使作品看上去洁净美观，具有大自然野趣。常用的有以下几种方法。

图 野趣
郑州碧沙岗公园 作品

铺青苔

青苔，也叫苔藓，多生长在温暖的潮湿之处，使用时可去采撷，然后铺在盆面上。还可将带土的青苔在常温下自然干燥，然后放在塑料袋内存放，能够保存数月或更久，使用时喷水湿润后，很快就会恢复生机，呈现出翠绿的色彩。

铺青苔时应注意盆土起伏的变化，做到自然合理，以烘托盆景所营造的氛围。切不可铺得像足球场的草坪，缺乏地面纹理的变化，否则会使盆景显得匠气，缺乏灵性。铺后，应用喷壶向盆面喷水，以借助水的压力使之与土壤结合牢稳，并对接缝之处进行修整，使之看上去自然和谐。青苔喜湿润的环境，怕强烈的直射阳光，因此养护时（尤其是刚铺好的青苔）应注意经常喷水，以保持足够的湿度。

由于真正的青苔对环境要求较为苛刻，很容易死亡，于是就有人用仿真青苔铺盆面，尽管有些高档的仿真青苔能够以假乱真，观赏效果很好，但它就像一块塑料毯子铺在盆面上，会影响土壤的透气性，使得土壤中的水分蒸发困难，时间长了会造成植物烂根，甚至死亡。因此，不要将其长期铺在盆面上，以免对植物的存活造成不利影响。

图 盆面铺青苔的筒叶菊盆景
尚建贞 作品

栽种植物

如果仅在盆面铺一层青苔，未免有些单调，因此可在盆面栽种一些小型植物进行装饰，这类植物通常被称为"护盆草"或"盆面植物"。所选的植物要求植株低矮、习性强健、覆盖性良好。由于草本植物盆景受自身体量的影响限制，所选的植物种类更应小巧，常用的有天胡荽、小叶冷水花、薄雪万年草、酢浆草等，其中有些种类还可单独制作盆景。大多数的盆面植物都具有习性强健，生长迅速的特点，因此平时应注意打理，随时拔去过多的部分，以免其根部至盆中盘根错节，缠绕在一起，使得盆土板结，透气性差。对于所保留部分也要注意修剪，以避免杂乱粗野，影响美观。

对于大多数铺面植物来讲，其株型及叶子的大小与光照有着很大的关系，光照越充足株型越紧凑，叶子也越小，反之株型松散，叶子变大。

⊞ 盆面栽种植物的兰花盆景
玉山 摄影

撒颗粒

这是近年来应用较多的一种盆面处理方式，在盆面撒上一层陶粒、石子或其他颗粒材料，具有整洁卫生等特点，但如果应用不当，也存在与盆景整体效果不协调、缺乏自然气息等不足。而在盆面上撒一层砾石或风化岩的残片，则能够很好地表现沙漠地带的荒芜悲壮景色；如果是表现热带海滩风光，则可在盆面撒一层细小的浅色石子或沙子。

⊞ 盆面撒颗粒材料的山野草
铃木浩之 提供

布石

布石也叫点石，就是在盆钵中或植物旁边点缀观赏石，以起到平衡整体布局、稳定重心的作用，点石时注意石与植物要有高低参差，避免二者等高，可借鉴中国画中的竹石图、兰石图等，模仿山野间植物山石。对石头的种类要求不严，但形状和色彩要自然，不要使用人工痕迹过重的几何形和鲜艳的红、绿等颜色的石头。对于喜欢干旱的仙人掌类等多肉植物，也可采用以木代石的方法，将形似奇石的枯木摆放在盆中，效果也不错。

有的盆景树冠过大，可在树干旁边放置一块大小形状相适应的山石，以避免作品头重脚轻。有的长方形或椭圆形盆钵，靠一端栽种植物，另一端空旷无物，使得整体缺乏平衡感，可在空旷之处放置山石，以起到平衡作用。为了营造自然和谐的地貌景观，可在盆面点石，以增加作品的野趣。布石时应将石头埋入土壤一部分，使之根基沉稳自然，避免轻浮做作。

点石
敲香斋 作品

以木代石
张旭 作品

观音竹盆景
郑州碧沙岗公园 作品

综合法

采用点石、栽小草、铺青苔等综合方法，将盆面处理得自然而富有野趣，并结合配件的合理应用，以提高了盆景的艺术性。

无论什么样的盆面处理方式，都要做到自然和谐，切不可做作。有人喜欢在盆面栽种一些雏菊、小菊等小型观花植物，其鲜艳的花朵往往会喧宾夺主，使得作品不伦不类，影响整体意境表现。

野趣
玉山 摄影

草本盆景的配件应用

CAOBEN PENJING DE PEIJIAN YINGYONG

秋江渔歌
兑宝峰 作品

配件也称摆件、饰件，是指盆景中植物、山石以外的点缀品，包括人物、动物以及舟船、竹筏等交通工具；亭塔、房屋等建筑物。材质则有陶质、瓷质、石质、金属、木质、塑胶等。

恰当的配件，能够起到画龙点睛的作用，点明作品的主题，不少盆景的题名就是以配件命名的，像《牧归》《童趣》《归舟》等。其应用原则是少而精，对于草本植物盆景而言，因其本身体量就不大，配件更宜小而精致。除了点缀盆内，在某种特定的环境中，还可将配件摆放在盆钵之外，以延伸意境，增加表现力。对于速成盆景所营造的童话世界、时尚生活环境，则可多用一些配件，以增加作品的趣味性。

配件的摆放还要注意与盆景所表现的环境相和谐，像水岸江边就不宜摆放饮酒者，宜摆放钓鱼的渔翁，丛林盆景的林荫路宜摆放砍柴的樵夫或游玩的文人雅士，树荫下或摆喝茶的农夫或放饮酒的诗人或摆骑牛的牧童、对弈的老者、奏乐的乐工，开阔之地宜摆放马匹，水面宜摆放舟船、竹筏等等。

此外，还要考虑配件的大小与盆景的体量之间的比例关系，配件小盆景大，看上去不起眼，达不到所要表现的效果；反之配件过大，会显得作品意境小，难以彰显以小见大的艺术效果。在草本植物盆景中虽然不能严格按国画中的"丈山尺树寸马分人"的比例要求，但也要尽量做到二者大小比例适宜。

牧马图

草本盆景的陈列观赏

CAOBEN PENJING DE CHENLIE GUANSHANG

野趣
戴月 作品

组合
李伟 作品

  草本植物盆景因其制作简单，成型快，在生活中有着非常广泛的应用，可摆放于茶几、桌案以及窗台等处，既可单独欣赏，又可与赏石、瓷器、陶器、小屏风、几架以及其他小工艺品、根雕等共同构成一个场景。

  需要指出的是，不论什么样的草本植物盆景都不要在室内长期摆放，这是因为大部分室内的空气湿度、光照、昼夜温差并不适合植物的生长，如果长期在室内，轻者植株徒长，降低或失去观赏价值，重者烂根死亡，对于喜欢光照的多肉植物更是如此。因此，对于成型的盆景平时最好放在环境较好的阳台、窗台、花圃等地方，需要时拿到相应处陈列欣赏，事后及时拿回原处养护，以免受损。

玉山摄影

雅趣
王小军 作品

竹草

草

类盆景

竹草盆景，是以竹子、草本植物为主要材料制作的盆景。

其形式大致可分为以表现植物景观、山野小景的自然型；模仿国画之画意，表现文人情趣的文人型（也称画意型）两种类型。前者对植物要求不是那么严格，后者多用竹子、兰花、菖蒲等具有中国传统文化底蕴、国画中常用的植物。

竹子

Bambusoideae

「竹报平安」，竹子是平安的象征，以清雅著称于世，其虚心谦逊、气节高尚、正直的品格深受世人赞赏。北宋文人苏轼曾说过「可使食无肉，不可居无竹」。

竹盆景
陈乃勇 作品
刘少红 供稿

竹子也称竹，是对禾本科(Gramineae)竹亚科（Bambusoideae）多年生常绿草本植物的统称，包含有竹属、箬竹属、簕竹属、刚竹属、赤竹属等70个属1000余种，中国有200多种，此外还有一些变种和园艺栽培种。因种类的差异，植株的高度也相差悬殊，高者可达数十米，而矮者只有十多厘米；叶多为披针形，但大小有着很大差异。竹秆虽是木质，但没有形成层和年轮。故不能一年一年不断长粗，但其秆上每个节点都有生长点，能一节一节不断长高，因而秆形修长。按生长特点的不同，有丛生竹、散生竹、混生竹等类型。

丛生竹 根茎部有明显分节，节侧有芽点，可孕育侧芽生出新笋，长成新竿，故其竹秆多聚汇在一起呈丛状，如佛肚竹、观音竹等。此类型竹子可单竿（丛）移植，如季节适宜，成活率很高，甚至剪取健壮充实的茎秆扦插也能生根成活。

散生竹 有地下茎（也称竹鞭），其竹秆和枝条没有繁殖能力，只有在地下横向生长的地下茎上的芽，才能发育成新的横向生长的竹鞭或出土成竹笋，故地面上的竹秆多为分散生长，如墨竹、唐竹等。移植须带有竹鞭，否则难以成活。

混生竹 其根茎侧芽既可向上长出新笋，也会横向生长形成地下茎，如四方竹。此类竹子移植也须带一定长度的地下茎才能成活。

适合做盆景的竹要求植株低矮、株型紧凑、叶片细小的种类。像簕竹属孝顺竹（*Bambusa multiplex*）的变种凤尾竹（*B. multiplex* 'Fernleaf'）、观音竹（*B. multiplex var. riviereorum*）、琴丝竹；佛肚竹（*B.ventricosa*）等，此外，某些品种的大型竹子经过矮化处理后也可使用，像刚竹属的斑竹（*Phyllostachys bambusoides* f. *lacrimadeae*，别名湘妃竹）、龟甲竹（*Phyllostachys edulis* 'Heterocycla'）、紫竹（*Phyllostachys nigra*，别名墨竹）；唐竹属的唐竹（*Sinobambusa tootsik*）等。

造型

竹子的繁殖可在春季或生长季节进行分株，以阴雨天成活率最高，移栽前应分清是哪种类型的竹子，若是散生竹或混生竹，一定要保留相当长度的竹鞭，以保证成活。对于佛肚竹等种类的丛生竹亦可剪取健壮的茎段扦插。

竹子盆景的盆器宜选择陶釉盆、紫砂盆、石盆等材质，形状有长方形、椭圆形、圆形、方形或不规则形等，盆器的颜色要求素雅，不宜过于鲜艳，以突出竹子自然清雅的特点。其造型或单丛栽种，配以山石，模仿国画中的竹石图，配石时应注意石与竹的高度应有一定的反差，或石高或竹高，切不可二者同等高度，以免呆板；或数丛合栽，表现葳蕤茂盛的竹林风光；对于某些种类的竹子还可做成单干式或双干式，乃至悬崖式、临水式等造型的盆景，有些种类的竹子甚至

可以制作提根式造型，其苍劲有力的竹根与青翠潇洒的叶片相映成趣，别具风采。

竹子不宜截竿，因截竿后难以像树木截干后蓄养侧枝延伸代干，故会显得顶端枝叶散乱，株形不畅，缺乏自然韵味。因此应尽量采用全秆造型，但可适当缩短顶梢，或采用嫩秆出梢结顶、老秆生枝结顶等方法，尽量做到聚散布局、疏密有致，挺秀萧疏，秆形挺拔而不僵直。对于布局不合理的竿枝，可用金属丝（以柔韧性较好的铝丝或铜丝为佳）蟠扎，进行调整矫形。对于秆下部的枝应予以剪除，以表现其清高挺拔的姿态。

无论什么造型都要注意主次分明，疏密得当。栽种好后，可在盆面铺上青苔、点缀小草，做出自然的地貌形态，并根据意境的需要摆放亭子、塔、牧童、樵夫、高士等古代人物或者大熊猫等与竹相关的动物盆景配件，以增加趣味性。

⑤竹盆景
梁燦祥 作品
刘少红 供稿

竹子是我国的传统绘画题材，以此为题材的绘画和诗词作品数不胜数，在制作盆景时可参考这些文艺作品，使之具有诗情画意。

养护

竹喜温暖湿润的半阴环境，不耐旱，稍耐寒。生长期可放在光照充足而柔和处养护，夏季忌烈日暴晒。经常浇水和向植株喷水，以保持土壤和空气湿润，使叶色清新润泽。5～8月的生长季节，可追施腐熟的稀薄液肥2～3次。平时注意修剪，将过密的竹枝和下部的枝条剪除，及时剪掉交叉枝、重叠枝、干枯枝或其他影响美观的竹枝，摘除干枯的叶子，使其错落有致，以彰显竹子的挺秀与潇洒。

竹子盆景以叶片细小而苍翠为美，可通过摘叶等方法来实现。我们知道，竹子是一种生长速度较快的植物，秆、枝定型后一个生长期，枝叶会逐渐繁多，叶片增大，加上萌生新笋的长成新竿，株型会变得松散繁乱，此时可进行摘叶。方法是把原来的老叶片全部剪（摘）除，并对枝条适当修剪，摘叶后一个月左右，枝条或秆上的节点会萌发新枝新叶，且叶片明显比原来缩小，待叶片长到适当大小，基本定型后，可按删繁就简的原则，修剪整型，疏剪不利于造型的枝叶，以塑造最佳观赏效果。对新笋新秆则按整型或改作需要进行取舍或分株。

冬季移至室内光照充足处，0℃以上可安全越冬。每隔2年翻盆一次，在春季进行，盆土以疏松肥沃的砂壤土为佳。翻盆时剪去烂根，衰老的枝干也要剪去，将过密的植株分开，重新布局栽种。

龙竹盆景
玉山 摄影

雨后春笋
郑州人民公园 作品

🈂 清溪竹影
许代明 作品

🈂 佛肚竹
郑永泰 作品
刘少红 提供

🈂 竹小品
韩学年 作品
刘少红 供稿

🈂 竹盆景
梁富强 作品
刘少红 供稿

🈂 板桥诗意
王正仁 作品

菲白竹

Sasa fortunei

菲白竹株型不大，叶色白绿相间，用其制作盆景，玲珑秀美，典雅可爱。

雅趣
郑州碧沙岗公园 作品

菲白竹为禾本科赤竹属常绿植物，植株丛生，有分枝，箨鞘宿存，无毛；小枝具4～7叶，叶片短小，披针形，先端渐尖，基部楔形或近圆形，两面均有白色柔毛，叶的背面尤为明显，叶片绿色，通常有黄色或淡黄色乃至白色纵条纹。

有些分类法将其归为苦竹属，故拉丁名也可写为*Pleioblastus fortunei*。近似种菲黄竹（*Arundinaria viridistriata*）为青篱竹属（也称北美箭竹属）植物，嫩叶黄色，具绿色条纹，老叶纯绿色。

造型

菲白竹的繁殖可用分株的方法，一年四季都可进行，以4～5月新笋长出时成活率最高。其盆景造型可参考竹子盆景。栽种时注意主次分明、疏密得当。栽种好后，可在盆面铺上青苔、点缀小草，做出自然的地貌形态。

养护

菲白竹原产日本，喜温暖湿润的半阴环境，生长期应避免烈日暴晒，夏季高温时更要如此，否则会引起叶片枯焦。此外，烈日暴晒还会引起土壤表层干燥过快，从而造成根部缺水，叶色由绿转黄，严重时甚至植株死亡，但也不宜长期生长在荫蔽的环境中，以免因光照不足使叶面上白色或淡黄色斑纹减退。保持土壤湿润而不积水，经常向植株喷水，以增加空气湿度。每年的4～5月为菲白竹出笋期，应给予充足的水分，并施腐熟的饼肥水2～3次，以促进新株的健壮生长。6月以后随着温度的升高，要停止施肥，等秋季天凉后再施2次肥。10月中旬以后停止施肥，冬季移入室内光照充足处，控制浇水，可耐0℃或更低的温度。根据生长情况，每2年左右的春季翻盆一次，盆土可用腐叶土或者肥沃的园土掺少量的砂土混合配制。

菲白竹盆景
王小军 作品

菲白竹盆景
敲香斋 作品

菲白竹盆景
敲香斋 作品

菲白竹盆景
敲香斋 作品

竹韵
郑州碧沙岗公园 作品

金发草

Pogonatherum paniceum

金发草植株丛生，葳蕤茂盛，叶子相对细小，具有竹子的典雅与清秀，最适宜制作丛林式盆景。

金发草盆景
兑宝峰 作品

金发草别名姬翠竹、姬竹、黑轴姬笹、姬笹，在日本称黑轴刈安。为禾本科金发草属多年生常绿草本植物，植株丛生，地下部分无竹鞭，秆硬似小竹，有分枝；叶披针形，先端渐尖，形似竹叶。乳黄色的总状花序开放至秆的顶端，如丝丝金发飘在风中，花期4～10月，花后1个月左右种子成熟。园艺种有虎皮姬竹（虎斑姬竹），叶面上有规则的黄色横条纹；花叶姬竹，叶面上白色斑纹。

金发草属植物约4种，分布于亚洲和大洋洲的热带、亚热带、温带地区。我国有3种，分布于华中、华南、华东、西南等地区。其中的金丝草（*Pogonatherum crinitum*，日本称纪州荻）常作为山野草栽培。

造型

金发草的繁殖可用分株、播种等方法。其造型与竹类植物基本相同，一般多作丛植，上盆时应剪除杂乱或其他影响美观的枝干及叶子，使之典雅秀美。

养护

金发草喜温暖湿润和充足而柔和的光照，不耐寒，怕干旱。除夏季高温时稍加遮阴，避免烈日暴晒外，其他季节都要给予充足的阳光。养护中应保持土壤和空气湿润，勿使干燥。施肥与否要求不严。金发草的萌发力强，生长迅速，平时注意整型，其枝秆中下部的叶子容易干枯，应及时摘除，对于散乱或其他影响美观的枝叶也应剪除，老的茎秆观赏性较差，可在新的茎秆成型后，将其剪除从基部。冬季移入阳光充足的室内，不低于3℃可安全越冬。

每1～2年翻盆一次，一般在春季进行，盆土要求含腐殖质丰富、疏松肥沃。

血茅

Imperata cylindrical 'Rubra'

血茅株型挺拔，叶子色彩对比强烈，是一种极具山野情趣的植物。

⑤ 血茅盆景
戳香斋 作品

血茅也称血草、血茅草、日本血草。为禾本科白茅属多年生草本植物，植株丛生，高约50厘米，叶剑形，上部呈血红色（在阳光强烈而充足的环境中尤为明显）；圆锥花序，小花银白色，夏末开放。

造型

血茅的繁殖以春季或生长季节分株为主。其株型优美挺拔、叶色靓丽，盆景应以体现植物自身的天然美为主，植株不必作过多的修饰，但可配以赏石、苔藓或其他小花小草，盆器以色彩素雅的紫砂盆、釉盆、石盆等为好，不宜过于花哨和鲜艳，以免喧宾夺主，影响表现力。

养护

血茅喜阳光充足和温暖湿润的环境，稍耐半阴，耐热。平时可放在光照充足处养护，若光照不足，叶色会褪化成绿色，一些丛生植株的内部及叶子下部往往呈绿色，就是因为长期照射不到阳光的原因，所以保持充足的光照是保证其叶色红艳的首要条件。生长期保持土壤湿润，不可长期干旱；每15～20天施一次以磷钾为主的复合肥。及时剪除干枯的叶子，以保持美观。冬季放在室内光照充足处，0℃以上可安全越冬。

翻盆宜在春季或生长季节进行，盆土要求湿润而排水性良好，新栽的植株应放在无直射阳光处缓苗一周左右。

野趣
袁国 作品

血茅盆景
马景洲 作品

血茅盆景
李伟 作品

血茅盆景
敞香斋 作品

针茅

Stipa capillata

针茅姿态柔美飘逸，自然而富有野趣，常作山野草种植。

⑰ 飘逸
刘彦秀 作品

针茅为禾本科针茅属多年生草本植物，植株密集丛生，茎秆直立，常具四节，基部宿存枯叶鞘，秆生叶叶舌披针形，细小，纵卷成线形。顶生圆锥花序，小穗含一花。

造型

针茅的繁殖常用播种和分株的方法。其姿态柔美，全株都呈枯黄色，在各种山野草中独树一帜。可数株植于盆中，或配石，或独植，自然而富有野趣。

养护

针茅喜凉爽干燥和阳光充足的环境，也耐半阴。夏季高温时有短暂的休眠期，宜放在通风凉爽处养护。生长期保持土壤湿润而不积水，因其耐瘠薄，一般不需要格外施肥。冬季地上部分干枯，可在冬末或早春将其剪除，以促发新的植株。

TIPS 野火烧不尽的草

针茅，是野草的代表类型。

说到野草，自然会想起白居易的"离离原上草，一岁一枯荣。野火烧不尽，春风吹又生。"那么，野草真的烧不尽吗？我们知道，草需要有一定的矿物质养料才能生长良好，而在大自然中是无人给草施肥的。如果冬天把草烧成灰（即草木灰，含钾量较高，可作为肥料），草木灰就可以随着雨水渗到土壤里，这样就给施了一次肥。草在春天萌发生长时就可利用。烧草还可把害虫和病菌同草一起烧掉了，这样，就减少了春天的病虫害。那么，烧草会把草烧死吧？其实烧掉的只是地表枯干的叶、茎，而长在土中的地下根是不受影响的。春天来了，草还能照旧生长。烧草时一定要控制火势，防止火势蔓延，否则引起火灾，烧毁林木，损失就大了。因此，我们不提倡烧野草，但并不妨碍欣赏诗中那生生不息的顽强精神。

风知草

Hakonechloa macra

风知草叶子柔软秀美，姿态清雅，用浅盆栽种极富大自然野趣。

飘逸
敲香斋 作品

风知草为禾本科箱根草属多年生草本植物，植株丛生，高20～30厘米，叶剑形，先端渐尖，绿色或黄绿色，有些品种还具有黄色或白色、红色斑纹。主要品种有绿叶风知草、缟斑风知草、斑入风知草、黄金风知草、红叶风知草、姬风知草等。

知风草（*Eragrostis ferruginea*）为禾本科画眉草属多年生草本植物，从名字上讲，常与风知草混淆误认。该植物广泛分布于我国河北、河南、安徽、江苏、浙江等地，具有很强的抗寒性和抗旱性，是一种营养价值较高的优良牧草，同时对治理沙化草地，更新退化草地也都有着重要作用。因其观赏价值不高，几乎没作为观赏植物栽培。

风知草原产日本，生长在本州靠近太平洋一侧的山地悬崖中，其叶柔软，姿态清秀飘逸，富有大自然野趣。

造型

风知草的繁殖可在3～5月或10～12月进行分株。造型方法较为简单，选择一个适宜的盆器，直接种植即可。上盆时应摘除枯叶及其他杂乱的叶子，并在盆面铺上青苔，栽种天胡荽之类的小草，以丰富植物层次，表现大自然野趣。

养护

风知草喜温暖湿润的环境，稍耐旱，耐寒冷；在充足而柔和的阳光下生长良好。夏季高温季节应适当遮阴，并注意通风良好；其他季节则给予充足的光照（至少也要半阴的环境）。生长期保持土壤湿润而不积水，干旱缺水时叶片会下垂，甚至卷曲，尽管浇水后会很快恢复，但或多或少也会对植株的健康生长造成影响。5～9月可施少量的有机肥，也可将颗粒状缓释肥放在盆土表面，使之释放养分供植物吸收。5～7月的生长旺季可对枝叶进行清理，剪除枯叶或其他影响美观的叶子，以保持疏朗美观。冬季地上的叶子干枯，呈茶褐色，可移至冷室内，保持盆土不结冰即可。

风知草生长速度较快，每年春季都要翻盆，并剪除上年枯干的叶子。盆土要求肥沃、疏松透气、排水良好，可用腐叶土或草炭土，加赤玉土等颗粒材料混合配制。

竹柏

Nageia nagi

竹柏虽是乔木，但制作盆景多用其幼苗，造型也是模仿竹子的神韵，故也将其归为竹草盆景的范畴。

竹柏盆景
玉山 摄影

竹柏别名糖鸡子、罗汉柴、山杉、铁甲树。为罗汉松科竹柏属常绿乔木，在原产地可长成高20米、胸径50厘米的大树。树皮近于平滑，红褐色或暗紫红色，呈小块状脱落；嫩枝绿色，老枝灰褐色；叶对生，革质，长卵形或卵状披针形、披针状椭圆形，与竹叶近似形，绿色，有光泽。雄球花穗状圆柱形，雌球花单生或对生于叶腋。种子圆球形，成熟后有暗紫色假种皮，被白粉。花期3~4月，10月果熟。

造型

竹柏的繁殖可用播种、扦插、压条等方法，也可到市场购买盆栽植株制作盆景。

竹柏的幼苗形似竹子，常数株同植于一盆，用于制作具有竹林特色的盆景，上盆时注意高低的错落以及左右、前后的位置，使其疏密得当，清秀典雅，以突出竹柏独有的风韵，并根据表现的意境不同，在盆面摆上大熊猫、牧童等摆件，使其富有趣味性。

养护

竹柏喜温暖湿润的半阴环境，有一定的耐阴性，怕烈日暴晒，在阳光较强的5~9月应注意遮光，以免强烈的直射阳光灼伤根颈处，造成植株枯死。生长期保持盆土湿润而不积水，经常向叶面及植株周围喷水，以增加空气湿度，使叶色浓绿光亮，防止因空气干燥使叶缘干枯。作为盆景的竹柏不需要生长得太快，一般不必另外施肥，但为了避免叶子发黄，可在生长旺季施2~3次矾肥水。栽培中注意修剪整型，剪去影响植株美观的枝条，摘去老化发黄的叶片，以控制植株高度，保持株型的优美。冬季置于室内光线明亮之处，控制浇水，不低于0℃即可安全越冬。2~3年翻盆一次，一般至春季进行，盆土可用腐叶土或草炭土3份、园土2份、沙土1份的混合土。

清雅
郑州陈砦花市 作品

悠然见南山
郑州植物园 作品

野趣
玉山 摄影

竹柏盆景
玉山 摄影

棕竹

Rhapis excelsa

棕竹株型优美，叶色碧绿青翠，给人以生机盎然的感觉，最为适合制作具有南国风光特色的盆景。

野趣
郑州陈砦花市 作品

棕竹别名棕榈竹、观音竹、筋头竹。为棕榈科棕竹属常绿植物，植株丛生，茎秆直立，无分枝，有节，上部被叶鞘，但分解成稍松散的淡黑色粗糙而硬的网状纤维；叶集生于茎顶端，掌状深裂，裂片4~10，叶绿色，有光泽。品种有'花叶棕竹''矮棕竹''丝状棕竹'等。

南国春色
孙玉高 作品

造型

棕竹的繁殖多采用分株的方法，春季或生长季节进行；也可在春季播种。

棕竹枝叶潇洒，极富热带风情和诗情画意，常作丛林式造型，可数株丛植，或配以奇石，或搭配以袖珍椰子、常春藤等植物，以丰富层次，增加表现力。对于枯死的枝干可剥去外层的深褐色棕衣，露出黄白色内秆，其温润如玉，高洁典雅，富有特色。

养护

棕竹喜温暖湿润的半阴环境，夏季注意避免烈日暴晒，平时保持土壤湿润，但不要积水，经常向植株及周围环境喷水，以增加空气湿度。春夏的生长季节，薄肥勤施，在肥液中加入少量的硫酸亚铁（黑矾），可有效地避免叶子发黄。冬季移入室内光线明亮处，4℃以上可安全越冬。平时及时剪除枯黄及过密或其他影响美观的叶子，以保持盆景的优美。

每2年左右翻盆一次，一般在春季或生长季节进行，盆土宜用疏松肥沃、含腐殖质丰富的微酸性土壤。翻盆时如果植株过于密集，可去掉一些，以保持作品的疏朗秀美。

袖珍椰子

Chamaedorea elegans

袖珍椰子植株潇洒清丽，宜作丛林式、水旱式等造型的盆景，以表现生机盎然、植被葱茏的热带风情。

🏷 南国风光
郑州植物园 作品

🏷 袖珍椰子
敲香斋 作品

袖珍椰子别名矮生椰子、袖珍棕、袖珍葵、秀丽竹节椰。为棕榈科竹棕属（竹节椰属）多年生常绿小灌木，茎秆直立，具不规则花纹，不分枝；叶生于枝干顶端，羽状全裂，裂片披针形，互生，绿色，有光泽。雌雄异株，肉穗花序腋生，花小球状，黄色。浆果橙黄色。

造型

袖珍椰子用播种或分株的方法繁殖。花市上也常有不同规格的小苗出售，而且价格低廉，可选择形态佳者制作盆景。

袖珍椰子株型潇洒，最适宜制作具有南国风情的盆景，上盆时注意前后的位置，直与斜的搭配，使作品疏密有致，高低错落，具有层次感。为了丰富表现力，还可在盆内种植网纹草或其他较为矮小的植物，以丰富作品层次，增加表现力。

养护

袖珍椰子喜温暖湿润的半阴环境。平时保持土壤湿润而不积水，空气干燥时及夏季高温季节都要向叶面及周围环境喷水，以增加空气湿度，避免叶片边缘干焦。每月施1~2次腐熟的液肥，以使叶色浓绿，清新怡人。对于生长多年的老株，可在浇水时，逐渐冲刷掉根部的一些土壤，露出部分根系，使之苍古雄健。冬季移入室内光照充足处，5℃以上可安全越冬。每2~3年翻盆一次，一般在春季进行，盆土要求含腐殖质丰富，疏松透气性良好。

狐尾天门冬

Asparagus densiflorus 'Myers'

狐尾天门冬枝叶紧凑秀美，叶色鲜亮，用其制作的仿竹林风光盆景，清雅自然，葳蕤茂盛。

牧马图
兑宝峰 作品

鹤冲天
兑宝峰 作品

狐尾天门冬中文学名迈氏非洲天门冬，别名狐尾天冬、狐尾武竹，是非洲天门冬（*Asparagus densiflorus*）的园艺种。为天门冬科天门冬属多年生常绿草本植物，具纺锤状小块根，植株丛生，近于直立生长，稍有弯曲，但不下垂，叶状枝纤细而密集周生于各分枝上，呈三角形水平展开羽毛状，叶状枝每片有6~13枚小枝，绿色；而真正的叶褪化成细小的鳞片状或柄状，淡褐色，着生于叶状枝的基部，3~4片呈辐射状生长。小花白色，浆果球形，初为绿色，成熟后鲜红色，内有黑色种子。

天门冬科是根据1998年的APG分类法，从百合科中新分出来的一个科。除狐尾天门冬外，天门冬属植物中适合制作盆景的还有蓬莱松（*A. retrofractus*）、武竹（*A. myriocladus*）、松叶武竹（*A. macowanii*）以及文竹等种类。

造型

狐尾天门冬的繁殖可用播种或分株的方法。

其株型酷似南方的凤尾竹，可用于制作竹林风光之类的盆景。因其植株较为密集，应剔除过密的茎枝，使之疏朗通透，富有层次感。上部的枝叶尽量不作修剪，以免顶部枝叶散乱。最后在盆面铺青苔，安放摆件，以增加趣味性。

养护

狐尾天门冬喜温暖、湿润的环境，在半阴和阳光充足处都能正常生长，过于荫蔽则植株徒长，使得株型松散，而阳光过强，则会使叶状枝排列过于紧密，失去竹林那种清雅的特色，而且作为盆景种植的狐尾天门冬盆器不大，有时还把部分根系裸露出土表，其长势相对较弱，烈日暴晒还会引起枝叶发黄，因此放在半阴处养护最为适宜。平时注意浇水保湿，经常有规律地向植株喷水，以保持空气湿润，使叶色翠绿宜人。作为盆景，不需要生长特别快，一般不必另外施肥。春季当新株长出后，可将老的茎枝从基部剪除，平时也要对过于高、密的茎枝进行修剪整型，以保持株型的美观。

每年早春翻盆一次，换盆时要剪去部分块状根，并结合翻盆进行分株繁殖，盆土要求疏松肥沃，并掺入腐熟的饼肥作基肥。

◎ 实例 《牧歌》（兑宝峰 制作）

1.栽种在圆盆中的狐尾天门冬；

2.将其分成2丛，植于长盆中，栽种时注意高低的错落，使之有一定的层次感；

3.在盆面铺上青苔，点缀几株天胡荽和小草，并摆放牧童的饰件，以增加趣味；

4.仔细审视后，觉得植株过于密集，有些臃肿，于是果断进行修剪，去除过密的茎枝，使其疏密得当；而且原来的牧童也有些小，不是很显眼，就换了稍大的牧童吹笛饰件，效果就好多了。

5.后来将牧童更换为三只小鹿，则又是一番景象。

文竹

Asparagus setaceus

文竹叶片秀美，层次分明，用其制作的盆景，清秀典雅，是案头陈设的佳品。

文竹盆景
玉山摄影

文竹别名云片竹、云竹、山草。为天门冬科天门冬属常绿植物，植株具肉质根，细长的茎丛生，分枝水平伸出，叶状枝10～13枚一簇，刚毛状；叶鳞片状。花1～4朵腋生，白色，花期9～10月；浆果球状，冬春季节成熟后呈黑紫色。

园艺种矮文竹也称云竹、球文竹，其植株低矮，枝叶密实，层次丰富，也可制作盆景。

造型

文竹多用播种和分株的方法繁殖，制作盆景可到市场购买小苗或盆栽植株。

文竹姿态潇洒，枝丛自然成云片状，宜制作丛林式、水旱式等造型的盆景，盆器宜选择中等深度或浅盆，紫砂盆、釉盆、石盆均可，或与山石搭配，或单丛成景，或数丛组合，由于盆景受容器大小的限制，一般作单丛或两丛、三丛栽种，过多则会显得凌乱。无论什么样的造型，都要突出其文雅清秀、层次分明的特点。造型方法以修剪为主，剪除过杂乱的枝条，将过高的枝条剪短，使之高低错落，自然协调。文竹有着较强的趋光性，可利用这个习性将需要弯曲的枝丛朝着向阳的一面，此法对于新枝效果尤佳。

制作好的文竹盆景可在盆面点缀山石，作出自然起伏的地貌形态，并铺上青苔，以衬托文竹的清新典雅。

养护

文竹喜温暖湿润的半阴环境，怕烈日暴晒，不耐寒。平时可放在光线明亮，又无直射阳光处养护，过于荫蔽会造成植株徒长，细弱不堪，影响观赏，烈日暴晒则会使叶色发黄，甚至脱落。文竹喜欢空气湿润的环境，可经常向植株及周围喷水，以增加空气湿度，使叶色清新润泽。由于作为盆景的文竹一般盆器较浅，水分蒸发快，应注意勤浇水，勿使干旱，也不要积水，以免烂根。生长期每月施一次稀薄液肥，可促使叶色翠绿鲜亮。冬季移入室内阳光充足处，5℃以上可安全越冬。

文竹盆景以1～2年生植株姿态最为美观，老株则呈攀缘状，观赏价值不是很高，可在新株萌发后将其剪除，进行更新。平时也要及时剪除枯黄枝以及其他影响美观的枝条，以保持盆景的优美。

文竹生长迅速，可每1～2年的春季翻盆一次，必要时可重新布局种植。盆土要求含腐殖质丰富、疏松肥沃。

矮文竹盆景
敲香斋 作品

静静花开
玉山 摄影

清新
玉山 摄影

文竹盆景
玉山 摄影

文竹盆景
玉山 摄影

文竹盆景
玉山 摄影

万年青

Rohdea japonica

万年青株型端庄稳重，叶色清雅，其寓意吉祥，是一种深受人们喜爱的盆景植物。

🔲 万年青盆景
郑州人民公园盆景 作品

🔲 万年青盆景
郑州人民公园盆景 作品

万年青别名九节莲、铁扁担。为天门冬科万年青属常绿草本植物，植株丛生，具根状茎，叶3~6枚，厚纸质，矩圆形或披针形、倒披针形，绿色，先端急尖。花莛短于叶，穗状花序具十几朵排列密集的淡黄色小花。浆果直径约0.8厘米，成熟后红色。花期5~6月，果期9~11月。

万年青是我国的传统花卉，近年又从日本、韩国引进了大量的园艺种，其特点是植株矮小，有些品种叶子上有黄白色斑纹，还有一些品种叶子略扭曲，显得狂放不羁，这些种类均被称为"叶艺"万年青。

造型

万年青的繁殖可用分株、扦插、播种等方法。

万年青盆景的制作方式相对简单，选择形态适宜的植株直接上盆就可以了。盆器宜深浅适中的圆形、正方形或长方形、椭圆形盆，盆的颜色宜稳重素雅，不可过于鲜艳，以免喧宾夺主。上盆时剪除枯干、有伤痕以及其他杂乱、影响美观的叶子。还可将部分根系裸露出土壤，以使作品古雅。并根据需要，在盆面铺青苔，种上天胡荽之类的低矮小草，点缀赏石，使之自然和谐。

养护

万年青喜温暖湿润的半阴环境，夏季高温期适当遮光，以防止强烈的阳光灼伤叶子。生长期宜经常向植株及周围洒水，以增加空气湿度，避免叶的边缘干枯；但盆土不宜过湿，以免烂根。每月施肥一次。冬季移入室内光照充足之处养护，停止施肥，控制浇水，最好保持10℃以上，5℃左右植株虽然不会死亡，但会冻伤叶子。养护中及时剪除植株下部的老叶、黄叶以及其他杂乱的叶子，每2~3年的春天翻盆一次，最好用含腐殖质丰富的砂质土壤栽培。

玉龙草

Ophiopogon japonicus 'Nanus'

玉龙草植株玲珑秀美，既典雅又具大自然野趣，除单独成景外，还是很好的树桩盆景盆面和山石盆景的点缀植物。

🔲 野趣
兑宝峰 作品

玉龙草别名姬麦冬、矮麦冬。为天门冬科沿阶草属多年生草本植物，植株几乎无茎，具发达的根系，长可达20厘米；叶丛生，长5~10厘米，窄线形，墨绿色，革质，稍有弯曲。

黑沿阶草（*Ophiopogon planiscapus* 'Nigrescens'）也称黑麦冬、黑龙麦冬。是天门冬科沿阶草属植物。叶丛生，线形，黑紫色，革质。顶生的总状花序，着花10朵左右，灰白色或淡紫色。果实蓝色至黑色。

造型

玉龙草多用分株的方法繁殖。其植株不大，紧凑自然，上盆时可利用其根系发达的特点，将粗根露出土面，以增加自然古雅的意趣。而不必像国兰的叶子那样，疏朗飘逸，而是在一定范围内表现该植物植株密集、叶片细小的特点，并在盆面点缀天胡荽、赏石，铺青苔，使其既清雅，又不失大自然之野趣。

对于黑沿阶草，可模仿国画中的兰石图，用中等深度或浅盆栽种，并在盆面点石，铺青苔，栽种天胡荽等小草，以营造自然雅致的氛围。

养护

玉龙草对光照要求不严，在全光照至半阴处、荫蔽的林下等地方都能生长；不择土壤，但在腐殖质丰富、排水良好的土壤中生长更好。生长期宜保持盆土湿润，经常向植株喷水，以增加空气湿度，使叶色清新润泽，防止叶尖干枯。每月施一次稀薄液肥或以氮肥为主的复合肥可使叶色浓绿美观。由于玉龙草生长速度不是很快，不必每年都换盆，可2~3年当植株拥挤时换一次盆，并结合翻盆将过密的植株分开。平时注意摘除干枯的叶子，以保持美观。

黑沿阶草的养护方法与玉龙草近似，可参考进行。但应尽量给予充足的光照，以使叶色黑紫，既有植物的自身特点，又有国画中墨笔兰花的艺术美感。

翠
敲香斋 作品

黑沿阶草盆景
兑宝峰 作品

相伴
凌清泉 作品

趣
马景洲 作品

旱伞草

Cyperus alternifolius

旱伞草株型潇洒，青翠典雅，适合陈设于案头、茶几等处欣赏。

竹韵
兑宝峰 作品

旱伞草别名水竹、伞竹、水棕竹、风车草、野生风车草。为莎草科莎草属常绿草本植物。具短而粗大的根状茎，须根坚硬。茎秆粗壮，丛生，直立生长，叶状苞片生于茎秆顶端，呈螺旋状排列，向四周呈伞状散开。品种有矮旱伞草、银脉旱伞草等。

造型

旱伞草的繁殖可在生长季节进行播种、分株、扦插。其扦插可剪取带有叶状苞片的顶端，平放于湿润的砂质土壤，甚至直接放入清水中，顶部生根萌芽后植入土壤中。

旱伞草株型潇洒，亭亭玉立，丛植于浅盆中，配以赏石，典雅秀美，颇有竹子的神韵。其植株生长密集，上盆时应注意修剪，剪去过密、过乱以及折断的茎秆，以形成疏密得当、错落有致的株型。此外，旱伞草的幼苗色彩翠绿，清新可爱，移至小盆，点以青苔，满目苍翠，生机盎然。单株的旱伞草颇有椰子树的风采，可用其模仿椰子树，制作具有热带海滩风光特色的盆景。

养护

旱伞草为沼泽植物，喜温暖湿润的半阴环境，不耐旱，也不耐寒。不论任何时候都要给予充足的水分，最好将盆器放在水盘内养护，以保持湿润。平时施肥不宜过多，甚至可以不施肥，以避免植株生长过旺，显得粗野，失之雅趣。其萌芽力强，生长迅速，可将密集的茎秆从基部剪去，以保持美观。冬季移入室内光照充足处，不低于0℃可安全越冬。

薹草

Carex sp.

薹草姿态飘逸，叶色雅致，常作山野草，植于盆中，极富大自然野趣。

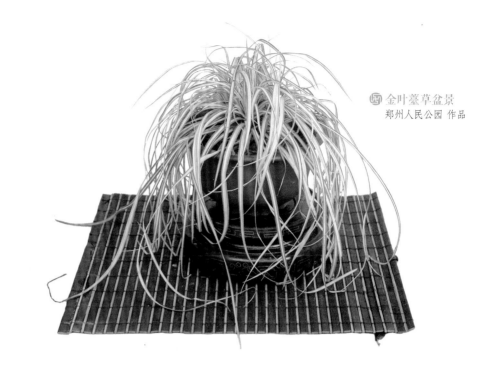

金叶薹草盆景
郑州人民公园 作品

薹草也作苔草。是对莎草科薹草属植物的统称。其共同点是植株无茎，叶从基部丛生，叶细长，直立或呈拱形弯曲，颜色有绿、棕红。盆景中常用的有：

金叶薹草（*Carex* 'Evergold'）也称金丝苔草，两边叶缘为绿色，中央有黄白色纵条纹。近似种有秀丽薹草（*C. munda*）等。

棕叶薹草（*C. kucyniakii*）也叫古铜薹草，叶稍直立，呈古铜色。近似种有棕红薹草（*C. buchananii*）等。

造型

薹草的繁殖可在春季进行分株，如果有种子，也可用播种繁殖。

薹草造型方法较为简单，直接上盆就可，对于叶子较长的金叶薹草，最好用较高的筒盆种植，这样可避免其叶与摆放花盆的台面发生摩擦，从而造成叶子前段受伤干枯，并可使之自然下垂，显得秀美飘逸。对于姿态略微挺拔的棕叶薹草，可用浅盆或中等深度的盆器栽种，以彰显其亭亭玉立的韵味。

养护

薹草喜温暖湿润和阳光充足的环境，耐半阴，怕积水，对土壤要求不严，但在疏松透气排水良好的砂质土壤中生长更好。生长期给予充足而柔和的光照，盛夏高温时候需适当遮阴，以防烈日暴晒，造成叶片灼伤；薹草的叶尖易干枯，应注意修剪，以保持美观。平时保持土壤湿润。金叶薹草耐瘠薄，平时不必施肥就能生长良好。冬季移入室内阳光充足处养护，不低于0℃可安全越冬。

🈯 野趣
兑宝峰 作品

🈯 金叶薹草盆景
兑宝峰 作品

🈯 棕叶薹草盆景
兑宝峰 作品

TIPS 盆栽与与盆景

　　盆栽，顾名思义，就是把植物栽植于盆钵之中，故在一段时间内也称"盆植（即盆中的植物）"。它基本不对植物作造型处理，主要欣赏植物茎、叶、花、果的自然美。当然，也不排除有些植物不经过造型，直接上盆就是一件很好的盆景作品，但盆器的选择及上盆时栽种的角度可视作对植物的艺术加工和造型处理。在国外以及我国的台湾、香港等省区，把植物盆景称为盆栽。但这种"盆栽"并不是现代汉语所定义的"盆栽"，而是与中国盆景中的植物盆景基本相同。

　　盆景，是大自然的浓缩和精华，但并不是大自然的照搬，而是融入诗情画意、个人情怀后对大自然的艺术化再现。它以园艺学、植物学为基础，兼融美学、文学、美术以及哲学等多门人文、自然学科于一体，以"缩龙成寸"的手法，将山川、河流、山林、树木等自然景观展现于盆钵之中。属于东方传统文化的范畴的盆景，在艺术表现上为景物和情感的融合，其主体特征是崇尚自然和借景抒情。

　　总之，是先有盆栽，后有盆景的。盆景是盆栽的演变和延伸，是在盆栽的基础上，加入了作者的艺术设计和构思，是作者以艺术的眼光对大自然的诠释，是作者情感的寄托和抒发，是情感与自然景物的结合，将艺术的魅力与自然的神韵融为一身。

葫芦藓

Funaria hygrometrica

葫芦藓株型矮小，色彩青翠，常成片生长，具有良好的覆盖性。除单独成景外，更是树桩盆景常用的铺面植物以及山水盆景的点缀材料。

🆄 悠闲
兑宝峰 作品

葫芦藓别名石松毛，俗称"青苔"。为葫芦藓科葫芦藓属植物，植物体矮小，淡绿色，直立，高1～3厘米，茎单一或从基部稀疏分枝。叶簇生于茎顶，长舌形，叶端渐尖，全缘。雌雄同株异苞，雄苞顶生，花蕾状，雌苞则生于雄苞下的短侧枝上。蒴柄细长，黄褐色，长2～5厘米，上部弯曲，苞蒴弯梨形；蒴帽兜形，具长喙，形似葫芦瓢状。

造型

葫芦藓为土生喜氮的小型藓类，遍布于城乡，生长在阴湿的泥地。可在室外或温室等较为湿润的环境中采集，但要注意观察是否有小虫子之类的生物，以免将害虫带回家中，造成泛滥，影响其他植物的生长。

葫芦藓最大的可爱之处就是具有良好的覆盖性，看上去就像一层毛茸茸的"绿毯子"，清新养眼。或单独种在浅盆内；或与蕨类植物或其他小型植物组合，做成高低错落的植物生态群落；或种植在山石、朽木、树皮上，以表现其原生态之美；或将葫芦藓做成跌宕起伏的地貌形态，配上小绿植或山石，典雅秀美。需要指出的是，葫芦藓作为"主角"出现在盆景中，应给予其应有的地位，辅助植物切不可喧宾夺主，影响整体造型。

葫芦藓的蒴柄高达5厘米，制作盆景时可予以保留，以营造高低错落的生态景观。

苔玉，是一种起源的日本植物种植方法，通常将其归为山野草的范畴。制作方法是先用泥土包裹植物的根部，使之呈球状，外层再用葫芦藓（也可用其他习性相对强健的苔藓类植物）覆盖泥土。平时可放在桌案、窗台、茶几等处欣赏，也可将其放在浅盆、盘中或石上，以彰显其自然典雅的特色。

用于制作苔玉的植物要求植株不大，四季常绿，喜欢阴凉和湿润的环境，像常春藤、白脉椒草、竹柏、文竹、袖珍椰子、姬吹上、狼尾蕨、瓶子草等常绿植物都是不错的选择。其他材料还有泥炭、渔线以及麻绳等。制作方法如下：用水将泥土湿润（以手能团成团状为度，有时还可在泥土中加入一些赤玉土），并搓成球状，然后从中间掰开，将植物的根系嵌入，在球的表面附上苔藓，并用渔线缠绕固定。为了增加装饰效果，还可在苔藓的外面缠绕一层细麻绳，使之看上去

自然古雅。

养护

葫芦藓喜温暖、湿润而洁净的环境，在半阴处生长良好，黑暗无光的环境或烈日暴晒都难以生存。平时保持湿润，避免长期干旱，有条件的话，还可将盆器放在水盘内养护；一般情况下不必施肥。

[印] 张家界印象
兑宝峰 作品

[印] 归舟
兑宝峰 作品

TIPS 苔藓

葫芦藓为苔藓类植物。

苔藓（Bryophyte），是地球上较为原始的植物，也是全世界分布最为广泛的植物，约2.3万种，中国有2800多种。苔藓属低等的高等植物，其结构简单，仅包含茎和叶两部分，有时只有扁平的叶状体，无真正的根和维管束，而比较高级的种类植物体已有假根和类似茎、叶的分化。苔藓无花、无种子，是靠散发孢子进行繁殖的。

不少种类的苔藓都能用于制作盆景，像白发藓科白发藓属的白发藓（*Leucobryum glaucum*），其植株较为粗壮，长达8厘米，疏有分枝，灰绿色或灰白色，直立或略倾斜生长，犹如被风吹过一般，极富动感。

苔玉盆景欣赏

🈂️ 白脉椒草
玉山 摄影

🈂️ 姬吹上
袁理 提供

🈂️ 文竹
袁理 提供

🈂️ 狼尾蕨
袁理 提供

🈂️ 瓶子草
袁理 提供

狼尾蕨

Davallia mariesii

包括狼尾蕨在内的蕨类植物种类繁多，虽无鲜艳的花朵，但叶片青翠典雅，别具特色。

🅢 狼尾蕨盆景
李伟 作品

狼尾蕨别名龙爪蕨、兔脚蕨，中文学名骨碎补。为骨碎补科骨碎补属常绿草本植物，根状茎长而横走，常裸露在外面，密被蓬松的灰色鳞片及茸毛。叶五角形，四回羽裂，裂片6~12对，绿色，有光泽。

造型

狼尾蕨的繁殖可用播孢子、分株、扦插等方法。该植物是较为常见的观叶植物，制作盆景可到花市购买成株。

狼尾蕨株型自然优美，意趣天成，制作盆景时只需选择一个大小、形状适宜的盆器即可，除用普通的盆器外，还可将其种植在枯木上。上盆时应剪除干枯、残破以及其他影响美观的叶子，并注意将部分根状茎露出土面，并在盆面点缀奇石或青苔，以使作品富有野趣。还可与其他种类的蕨类以及别的习性相近的植物组合，组合时注意高低的错落，疏与密的协调，使之层次分明，既有植物物种的自然美感，又有诗情画意。

养护

狼尾蕨喜温暖湿润的半阴环境，不耐寒，也怕高温。平时可放在光线明亮又无直射阳光处养护，经常浇水和向植株喷水，以保持土壤和空气湿润，但盆土不要积水，以免造成烂根。夏季高温季节注意通风，适当遮阴，以避免闷热的环境。生长期每月施观叶植物专用肥1~2次，也可向叶面喷施低浓度的氮肥。冬季放在室内光照充足之处，保持土壤适度干燥，不低于5℃可安全越冬。栽培中应及时剪去枯叶、黄叶及过密的叶子和位置不当的叶子，生长多年的老叶观赏价值不高，可在萌发新叶后将其剪去，以提高观赏性。每1~2年的春季翻盆一次，盆土要求疏松肥沃、含腐殖质丰富，可用草炭土加珍珠岩等材料混合配制。

除狼尾蕨外，铁线蕨、卷柏、石韦、金毛狗蕨等种类的小型蕨类也可用于制作盆景。其造型方法、养护管理与狼尾蕨基本近似，可参考进行。

🔒 卷柏盆景
吴冉 作品

🔒 蕨类组合
戴月 作品

🔒 狼尾蕨盆景
玉山 摄影

🔒 狼尾蕨盆景
薛倩 提供

🔒 卷柏盆景
兑宝峰 作品

🔒 卷柏盆景
兑宝峰 作品

TIPS 蕨类植物

　　蕨类植物（Pteridophyta）是高等植物的一大类群，同时也是高等植物中较低级的一类，曾是地球上盛极一a为草本，约有1.15万余种，广泛分布于世界各地，尤以热带和亚热带最为丰富，中国产2000种。蕨类植物已有真正的根、茎、叶和维管组织的分化，属于维管组织植物，以陆生、附生为主，有少量的水生，直立或少为缠绕攀缘植物。或高大树形。蕨类植物无花、无种子，依靠孢子繁殖。

木贼

Equisetum hyemale

木贼株型亭亭玉立，清秀典雅，最适合制作丛林式盆景，表现水岸沼泽景色。

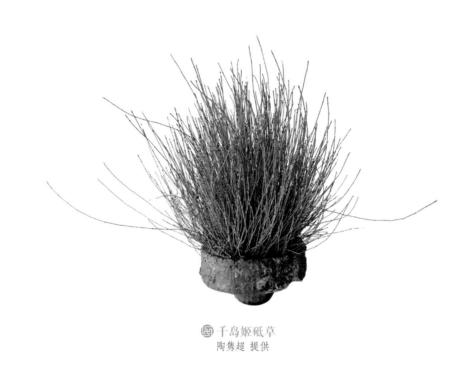

🀄 千岛姬砥草
陶隽超 提供

木贼别名砥草、接骨草、节节草、笔头草、千峰草、笔筒草、锉草。为木贼科木贼属多年生草本植物，具粗短的根状茎，黑褐色，横生地下；地上枝直立，无分枝或仅在基部有分枝，有节，中空，表皮粗糙，有竖棱，绿色或黄绿色。另有姬木贼，由日本引进，植株较为矮小（姬，在日语中有小的意思）。

造型

木贼属于蕨类植物，繁殖可用分株、播孢子、扦插等方法，均在生长季节进行。

由于木贼属"光杆司令"类型的植物，没有叶子，只有绿色茎枝。可用浅盆栽种，以衬托其亭亭玉立的风采，也可与其他矮生植物合栽，形成高低错落的景观。木贼株型挺拔秀美，除剪除干枯发黄的茎枝外，不必做过多的修饰，以表现植物的自然美。

养护

木贼喜温暖湿润和阳光充足的环境，虽然在半阴处也能生长，但植株会徒长，甚至倒伏，因此一定要给予充足的光照，以形成苗壮挺拔的株型。不耐旱，不论什么时候都要保持湿润，亦可将盆器放在水盘内养护。平时注意剪除影响美观的杂乱茎枝。越冬温度宜保持0℃以上。

🀄 姬砥草
陶隽超 提供

小叶冷水花

Pilea microphylla

小叶冷水花枝叶晶莹剔透，自然成云片状，给人以清新淡雅的感觉。除作盆景外，还是很好的山石盆景点缀植物，也可做树桩盆景的盆面美化植物，营造自然和谐的地貌景观。

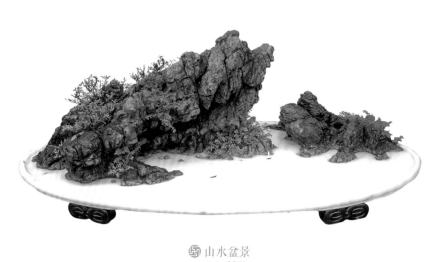

🏔 山水盆景
玉山 摄影

小叶冷水花别名透明草、小叶冷水麻。为荨麻科冷水花属多年生草本植物，植株直立或铺散生长，茎肉质，多分枝，密布条形钟乳体；叶很小，长仅0.3～0.7厘米，倒卵形至匙形，排列齐整，使枝叶自然成片状。雌雄同株，聚伞花序密集呈近头状，花细小。

造型

小叶冷水花繁殖可用播种、扦插等方法。该植物有着很强的自播能力，在上年生长的地方，第二年的初夏就会有不少小苗长出，故在一些地方已经沦为杂草，可等其稍大一些移栽上盆。

小叶冷水花枝叶纤细，层次分明，幼时匍匐生长，具有良好的覆盖性，是树桩盆景常用的铺面材料。在制作盆景时不必作过多的修饰，只需剪除杂乱的枝叶后栽于盆中即可。此外也可植于山石盆景之中，片片枝叶青翠典雅，如同老树。

养护

小叶冷水花喜温暖湿润和阳光充足的环境，在半阴处也能生长，若光线不足则会使植株徒长，株型松散不紧凑。对土壤要求不严，但在疏松肥沃的砂质土壤中生长更好。生长期保持土壤湿润，施肥与否要求不严。冬季移入室内光线明亮之处，0℃以上可安全越冬。

峡江抒情
胡军 作品

小叶冷水花盆景
兑宝峰 作品

小叶冷水花盆景
兑宝峰 作品

野趣
玉山 摄影
刘少红 提供

天胡荽

Hydrocotyle sibthorpioides

天胡荽叶色碧绿秀美，自然飘逸，宜用小盆栽种或与山石搭配，典雅而富有生机。

春之韵
兑宝峰 作品

天胡荽别名鹅不食草、石胡荽、细叶线凿口、小叶铜钱草、满天星。为伞形科天胡荽属多年生草本植物，植株具细而长的匍匐茎，平铺在地上成片生长，节上有根；叶膜质至草质，绿色，圆形或肾圆形，基部心形，叶缘有裂片。小伞形花序，花小而不显著。

造型

天胡荽的繁殖可在生长季节进行分株、扦插。

天胡荽四季常青，常用于于水旱盆景或山石盆景地貌景观的营造。也可用小盆栽种或植于山石上，满目青翠，其下垂的匍匐茎自然飘逸，富有野趣。也可与菖蒲、苔藓等植物合栽，或在浅盆中营造高低起伏的地貌景观，将天胡荽植于其上，作水旱式造型。还可将根部的泥土洗净，用石子或砾石栽于小盆中，清秀典雅，绿意盎然。

天胡荽有着很强的覆盖性，还可作为其他盆景的铺面植物，以遮盖土壤，营造自然清新的地貌景观。

养护

天胡荽喜温暖湿润的半阴环境，不耐旱。平时宜放在阳光柔和而充足处养护，阴暗处则会使株型松散徒长；该植物对干旱十分敏感，土壤干燥会使叶子干枯，因此要勤浇水和喷水，以保持土壤和空气湿润，勿使干燥。其习性强健，对土壤要求不严，施肥与否要求不严。冬季移入室内光线明亮处，能耐0℃左右的低温。

伴
兑宝峰 作品

天胡荽盆景
兑宝峰 作品

野趣
兑宝峰 作品

TIPS 野趣

　　"野趣"一词，是草本盆景常用的题名。意思是山野情趣。出自南朝宋谢惠连《泛南湖至石帆》"萧疏野趣生，透迤白云起"。有不少闲花野草自带天然情趣，不必铝丝蟠扎，略加修剪整理后，搭配一个合适的盆栽种，就是一件野趣盎然的盆景。栽种时应做到"野而不乱"，将植物的自然美与盆景造型的艺术美融为一体。

铜钱草

Hydrocotyle verticillata

铜钱草叶片精致，生长密集，直接上盆就是自然而富有野趣的盆景，适宜陈设于几案、窗台等处观赏。

荷塘清韵
于海洋 作品

铜钱草，中文正名南美天胡荽，别名轮生香菇草、圆币草、香菇草。为伞形科天胡荽属多年生挺水或湿生草本植物，具发达的地下匍匐茎，有长长的叶柄，叶圆伞形，直径2～4厘米，边缘有圆钝的锯齿，叶色翠绿富有光泽，伞形花序，小花黄绿色，花期春至秋。

近似种野天胡荽（*Hydrocotyle vulgaris*）也被称为铜钱草或香菇草，二者形态接近，也常用于盆景的制作。

造型

铜钱草的繁殖可在生长季节分株。其清秀翠绿的叶片玲珑精致，与修长的叶柄相得益彰，而且生长密集，种植于盆中很像一个小型"荷塘"，片片小"荷叶"苍翠欲滴，陈设于案头、几架，虽无"接天莲叶无穷碧"的大气磅礴，却也有欧阳修诗中"荷叶田田青照水"的意境，除用浅盆栽种，做成小"荷塘"外，还可种植

于其他容器中，其亭亭玉立的翠叶在水中荡漾，极为清雅。

养护

铜钱草原产南美洲的热带地区，其叶柄对光线极为敏感，若光照不足，叶柄就会伸长，以获取更多的光照，但植株会变得羸弱不堪，因此生长期要求有充足的阳光，即便是室内观赏，也要摆放在光线明亮之处。铜钱草适宜在肥沃的土壤中生长，要求有充足的水分，可用底部无排水孔的盆钵栽培，以保持有足够的水分，作为盆景，不要求其生长太快，可不必施肥，以维持作品的完美。冬季移至室内光照充足处，不低于0℃可安全越冬。栽培中注意摘除黄叶、烂叶或其他影响美观的叶子，生长旺盛时注意剪除过多的叶片，以增加内部的通风透气，有利于其正常生长。

野趣
兑宝峰 作品

荷叶田田
兑宝峰 作品

铜钱草盆景
玉山 摄影

荷塘清韵
玉山 摄影

石菖蒲

Acorus gramineus

石菖蒲是一种极具文人情趣的植物，清新雅致，非常适合书房案头陈设观赏。

雅韵
玉山 摄影

石菖蒲别名菖蒲、随手香、回手香、九节菖蒲，《中国植物志》称之为金钱蒲。为菖蒲科菖蒲属多年生草本植物，根茎较短，长5～10厘米，横走或斜伸，有芳香；根肉质，多数，须根密集。根茎上部有分枝，呈丛生状；叶基对折，两侧膜质叶鞘，上延至叶片中部以下，渐狭，脱落；叶质厚，线形，绿色，极狭，无中肋，平行脉众多。具叶状佛焰苞，肉穗花序黄绿色，圆柱形；果黄绿色。花期5至6月，果期7至8月。

"菖蒲"，有狭义与广义之说。狭义上的"菖蒲"单指菖蒲科菖蒲属的菖蒲。而广义上的"菖蒲"则包括了菖蒲科的全部物种，甚至香蒲科、百合科、鸢尾科都有以"菖蒲"命名的植物。

菖蒲科原本是天南星科下的一个属（菖蒲属），但现代APG分类法认为是单子叶植物分支下的一个独立的目，有一科一属，种类也不多，一般认为有金钱蒲以及菖蒲（*Acorus calamus*）、长苞菖蒲（*A. rumphianus*）、石菖蒲（*A. tatarinowii*）等4种。

人工栽培的石菖蒲个体极小，一般高仅3～5厘米。中国传统品种有'金钱''虎须''香苗'；近年又从日本、韩国引进了一些品种，主要有'极姬石菖蒲（姬，在日语中是小的意思，极姬，表示极其小的品种）''姬石菖蒲''黄金姬石菖蒲''有栖川石菖蒲'以及'胧月石菖蒲''正宗石菖蒲'等。此外，还有"贵船苔""天鹅绒""蝉小川"等石菖蒲名称，有人认为这些是'极姬石菖蒲'的变型，甚至说是同一种植物因栽培环境不同而产生的个体差异。总之，其评赏标准是以株型小而紧凑，叶短而宽，叶色润泽为上品。

造型

石菖蒲的繁殖以分株为主，一般在春季或生长季节进行，也可播种或组织培养。

石菖蒲植株不大，玲珑秀美。其常见的造型

有水旱式、附石式等。盆器宜选择中等深度或较浅的紫砂盆、石盆、天然云盆等，色彩要求素雅，不可过于鲜艳，以突出其自然清雅的韵味。先在盆中用泥土或赏石堆砌出高低起伏的自然地貌，然后在其上栽种石菖蒲，以模仿山间溪水的景观，栽种时注意疏密得当和布局合理。也可种好石菖蒲后，在盆中合适的位置点缀赏石，模仿国画中的蒲石图，以彰显其高洁雅致的特色。还可将石菖蒲直接栽种在枯木、山石上，极富大自然野趣。还可用石菖蒲与其他植物组合，营造高低错落的景观效果。与小兔、马、鹤、鹿、舟楫等摆件结合，以增加作品的趣味性。

养护

石菖蒲在我国有着悠久栽培历史，古人曾总结出其盆栽养护方法："以砂栽之，至春剪洗，愈剪愈细，甚者根长二、三分，叶长寸许。"《群芳谱》记载："春迟出，夏不惜，秋水深，冬藏密。"又云："添水不换水，添水使其润泽，换水伤其元气。见天不见日：见天把雨露，见日恐粗黄。宜剪不宜分，频剪则短细，频分则粗稀。浸根不浸叶，浸根则滋生，浸叶则溃烂。"说的就是种养之道。

石菖蒲喜温度湿润和半阴或荫蔽的环境，怕烈日暴晒，不耐干旱和干燥，有一定的耐寒性。平时可植于空气湿润、光线明亮又无阳光直射处养护，这样可保持其株型的低矮，勤浇水。对于较小盆器栽种的植株可将花盆放在盛水的盘中养护，以保持空气和土壤湿润，避免因环境干燥引起的植株生长不良。夏季高温季节注意通风良好，避免闷热的环境。生长期可每月施一次稀薄的液肥，以满足其生长对养分的需要，防止因养分供应不足引起的叶子发黄，叶色黯淡。冬季移入室内，不低于5℃可安全越冬。栽培中其老叶或叶尖会发黄，可用细剪剪掉，以保持美观。

每2年左右翻盆一次，盆土可用含腐殖质丰富的壤土、砂质土壤，也可用石子水培或赤玉土等颗粒土栽种，但黏重土不宜种植。

组合
菖蒲工坊 作品

清雅
菖蒲工坊 作品

雅韵
开封龙庭公园 作品

水旱式石菖蒲盆景
菖蒲工坊 作品

石菖蒲盆景
敲香斋 作品

花叶石菖蒲盆景
敲香斋 作品

石菖蒲盆景
郑州碧沙岗公园 作品

庭菖蒲

Sisyrinchium rosulatum

庭菖蒲翠绿的叶子配以淡雅的小花，清新别致，富有趣味。

庭菖蒲
兑宝峰 作品

庭菖蒲为鸢尾科庭菖蒲属多年生草本植物，株高15~25厘米，须根纤细，茎细下部有分枝，节常呈膝状弯曲；叶狭条形，互生或基生；花序顶生，花色有淡紫、灰白、蓝等颜色，喉部黄色，花期4~5月。同属植物100余种，见于栽培的还有加州庭菖蒲（*Sisyrinchium californicum*），其花为黄色。

造型

庭菖蒲的繁殖以分株为主，多在春季进行。也可购买成株制作盆景。

庭菖蒲叶子挺拔向上生长，造型时可根据这个特点，单丛独植于小盆中，以表现植物清雅的韵味；也可数丛错落有致地合植于长盆中，以彰显大自然之野趣。因其植株呈密集丛生状，上盆时注意疏剪，除去过密、过长以及枯黄的枝叶。若株丛太大，可分成数丛，分别栽种。栽种时注意植株角度的选择，如果直着栽显得呆板的话，

可略微倾斜一些，以增加作品的动感。并在盆面点石，栽种天胡荽之类的喜湿润的小草，铺青苔，以营造和谐自然的地貌景观，使其整体风格统一协调。

养护

庭菖蒲原产北美洲，喜温暖湿润和阳光充足的环境，耐半阴，对土壤要求不严，但在肥沃疏松的砂质土壤中生长最好。生长期宜放在光线明亮之处养护，若光照不足会造成植株徒长，茎叶羸弱，但夏季高温时仍要注意遮阴，以避免烈日灼伤叶子。由于盆器较小，水分蒸发快，应经常浇水和向植株喷水，以保持土壤、空气湿润，但也不要土壤长期积水或将植株泡在水里，以免基部腐烂。作为盆景栽培的庭菖蒲不需要生长太快，栽培中可不必施肥，但在花期可向叶面喷施磷酸二氢钾，以补充磷钾肥，有利于开花。平时注意剪除枯黄的叶子，以保持美观。

庭菖蒲盆景
兑宝峰 作品

庭菖蒲盆景
兑宝峰 作品

庭菖蒲盆景
兑宝峰 作品

庭菖蒲盆景
兑宝峰 作品

德国鸢尾

Iris germanica

德国鸢尾有着丰富的品种，适合制作盆景的是那些矮小型品种，像「笛声」「音箱」「短梦」等。除硕大的花朵外，其叶刚健挺拔，色泽清雅，也具有较高的观赏性。

德国鸢尾盆景
兑宝峰 作品

德国鸢尾为鸢尾科鸢尾属多年生草本植物，根状茎粗壮肥厚，叶直立或微弯曲，剑形，淡绿色、灰绿色或深绿色，常具白粉。花茎光滑，花大，色彩丰富，有紫、粉、黄、褐、白等颜色，具芳香，花期4~5月。

造型

德国鸢尾的繁殖以分株为主，生长季节都可进行，尤其以春秋季节进行，挖前将老叶剪短，以减少水分蒸发，并在根状茎的伤口处涂抹硫黄粉、草木灰或多菌灵，晾几天等伤口干燥后再栽种，以避免因病菌感染造成腐烂，保证成活。对土壤要求不严，但在中性且排水透气性良好，含腐殖质丰富砂质土壤中生长更好。

制作盆景可在春季萌芽后至开花前挖掘其带有叶子的根状茎，选择大小、形状适宜的盆器栽种即可，为了突出叶片的挺拔秀美，盆器不宜过深，上盆时注意株丛不要过密，剪除黄叶、烂叶以及过大的叶子或其他影响美观叶子，其肥大的根状茎似岩石，可将其露出土面，并在盆面点缀奇石，栽种天胡荽之类的小草，以使作品疏朗秀美，富有大自然野趣。

养护

德国鸢尾喜温暖湿润和阳光充足的环境，稍耐阴，怕积水。生长期可放在光线明亮初养护，夏季避免烈日暴晒，以免叶子枯焦发黄。德国鸢尾虽有一定的耐旱能力，但盆景因受盆器容量的限制，水分蒸发较快，因此应注意浇水，以保持土壤湿润，但不要积水，以免烂根。作为盆景不需要生长太快，可不必施肥，但在开花前可向叶面喷施0.2%的磷酸二氢钾溶液1~2次，以促进开花。花朵凋谢后及时剪除残花，平时也要注意剪除枯萎发黄的叶子。

作为盆景栽培的德国鸢因受盆器及生长环境的影响限制，在9~10月很难再度完成花芽分化，翌年就难以开花了。因此可在入冬前叶子枯萎时将其移入较大的盆器或地栽养植。等翌年春季再寻觅新的植株，重新制作盆景。需要指出的是，德国鸢尾的根茎易感染病菌，从而造成腐烂，因此每年都要换土，盆也不要连年重复使用。

🈺 花
兑宝峰 作品

🈺 雅韵
兑宝峰 作品

🈺 雅韵
兑宝峰 作品

TIPS 叶之美

　　叶，是植物的重要器官，它可以通过光合作用，叶子吸收二氧化碳，释放出氧气，并合成自身所需要的养分。叶子的形状千变万化，色彩除了常见的绿色外，还有红、紫、黄、白等多种颜色，甚至同一种植物在不同的季节、环境中也会呈现出不同的颜色。

　　一般认为，适合制作盆景的植物叶子要求细小稠密，这样才能够以小见大，表现出大树的风采。而作为观叶盆景的植物则要求自然别致，具有个性之美或有诗情画意，像芙蓉菊之叶的洁白、小红枫酢浆草的红艳、竹叶的典雅、兰叶的飘逸、鸢尾叶的挺拔。

网纹草

Fittonia verschaffeltii

网纹草叶色多彩，植株不大，造型后却有着大树的风采，尤其适合制作微型盆景。

蕉石图
兑宝峰 作品

网纹草也称费道花、银网草。为爵床科网纹草属多年生常绿草本植物，株高5～20厘米，匍匐或直立生长，全株密生茸毛，叶十字对生，卵形或椭圆形，有白色或红色网状纹路。品种有白网纹草、小叶白网纹草、深红网纹草以及火焰等。

造型

网纹草繁殖以扦插为主。因其是常见的观叶植物，也可到花市购买成株制作盆景，应挑选那些有明显茎干、分枝合理的植株，如果主干有一定的弯曲度，则效果更好。

网纹草的茎较脆，容易折断。制作盆景时不宜用蟠扎、牵引等常规方法，应以修剪为主，剪去多余的枝叶，对于需要弯曲的枝条可先改变种植方向或将花盆倒着放，利用植物向上生长的习性，改变生长方向，使之形成一定的弯度，然后再恢复原来的种植角度。上盆时根据植株的具体形态，选择不同的栽种角度，或正或斜或垂，制作直干式、斜干式、悬崖式、临水式等不同造型的盆景；也可数株组合，配以赏石，以表现其清秀典雅的韵味。栽好后再进行一次细致修剪，将基部较大的叶子剪除，使整体造型疏朗通透，并根据需要在盆面点石，铺青苔。

养护

网纹草喜温暖湿润的半阴环境，不耐寒，怕干旱，适宜在含腐殖质丰富、疏松肥沃的土壤中生长，摆放时最好将观赏面朝着有光线的一面，以利用植物的趋光性，展示最美的一面。作为盆景的网纹草，以叶片小而厚实，色彩浓艳为佳。平时可放在光线充足明亮处养护，但夏秋季节要避免强光暴晒，以免灼伤叶片。生长期保持土壤湿润而不积水，夏季高温时水分蒸发快，空气干燥，应注意向植株及周围喷水，以增加空气湿度，避免叶片萎蔫。栽培中注意修剪，及时剪除影响美观的枝叶，以促发侧枝，形成紧凑刚健的株形。

　　冬季置于室内阳光充足处，温度最好保持在13℃以上，否则会造成部分叶片脱落，低于8℃则受冻害。

Ⓢ 白网纹草

Ⓢ 好大一棵树
兑宝峰 作品

Ⓢ 岸上秋韵
兑宝峰 作品

TIPS　臆造与虚构、夸张

　　臆造就是凭主观意想编造。

　　虚构是对自然素材进行加工、改造、提炼、概括、集中，从而创造出能够反映自然本质，更真实，更具有普遍性的艺术典型，艺术的虚构不是凭空编造，不是故弄玄虚，而是必须接受自然规律与逻辑的制约，"不是远离自然，而是比自然更加自然的艺术化的自然（即源于自然又高于自然）"是其本质。不真实的虚构是对自然本质的歪曲，是对自然规律的背离，这是臆造，是虚假的艺术。没有虚构的真实是自然主义的真实，是缺乏典型化的低级的真实，是把艺术真实降低为自然事实。要做到艺术虚构与艺术真实完美融合，作者必须有丰富的阅历和洞察能力（即石涛所说的"搜尽奇峰打草稿"），并具有丰富的艺术想象力和敏锐的艺术感受力。

　　夸张是在客观真实的基础上，有目的地放大或缩小其自然形象特征，使该特征更加明显和突出，但同时又在可接受的范围内，不至于离奇。夸张是一般平常中求新奇变化，通过虚构把审美对象的特点和个性中美的方面进行夸大，以激发观者的兴趣和想象力。

　　盆景是将大自然进行艺术化处理，可以夸张，可以虚构，但不能凭空臆造。

白脉椒草

Peperomia puteolata

最适宜作丛林式造型。

白脉椒草叶色白绿相间，清新自然，

白脉椒草
吴雪亮 作品

白脉椒草别名玄月椒草、白脉豆瓣绿、玄月豆瓣绿，有些文献将其拉丁名写作 *Peperomia tetragona*。为胡椒科椒草属（也称豆瓣绿属、草胡椒属）多年生草本植物，植株丛生，有分枝，茎直立生长，红褐色；叶3~4片轮生，具红褐色短柄，质厚，稍呈肉质，椭圆形，全缘，叶端突起，叶色深绿，新叶略呈红褐色，在光照充足条件下尤为明显，叶面有5条凹陷的月牙形白色脉纹。穗状花序细长。

椒草属植物约1000种，常作观叶植物栽培，有些种类还属于多肉植物的范畴，像塔椒草、红背椒草、斧叶椒草、柳叶椒草、石椒草等。较为适合制作盆景的种类除白脉椒草外，还有斧叶椒草、柳叶椒草等。

造型

白脉椒草的繁殖可在生长季节扦插或分株。也可购买成株制作盆景。

白脉椒草株型玲珑，叶色别致，制作盆景时不必作过多的修饰，直接上盆即可，或数株合栽呈丛林状，或单株成景，并在盆面撒上石粒或铺上青苔，配上赏石，使作品更加完美。

养护

白脉椒草喜温暖、湿润的半阴环境，稍耐干旱，不耐寒，忌阴湿。对空气湿度要求不是很高，能在干燥的居室内正常生长。生长期保持盆土湿润而不积水，避免因水大造成烂根。春、夏、秋三季要适当遮光，太强的光线对植株生长不利，有时强烈的直射阳光还会灼伤叶片，而光线过弱，又会使叶片变的暗淡，白色脉纹不明显。生长期每2~3周施肥一次。冬季置于室内阳光充足处，停止施肥，控制浇水，使植株休眠，不低于5℃可安全越冬。平时注意摘除基部枯萎、发黄的叶片，剪除影响株型的枝条，以保持美观；注意摘心，以促使分枝。当植株衰老、观赏价值降低时，应及时繁殖新的植株，对其进行更新。

螺旋灯心草

Juncus effusus 'Spiralis'

螺旋灯心草叶子扭曲盘旋，给人以狂放不羁的感觉，极具大自然之野趣和韵律之美。

逸趣
兑宝峰 作品

螺旋灯心草也称旋叶灯心草。为灯心草科灯心草属多年生草本植物。植株无茎，具发达的须根，叶细圆形，中空，扭曲盘旋，很像弹簧，绿色。品种有'弯箭''弯镖'等，此外还有其叶子不扭曲生长的直叶型品种'标枪'等。

造型

螺旋灯心草的繁殖可用分株或播种的方法。

螺旋灯心草姿态优美奇特，或与山石搭配，或单独上盆，不必作太多的修饰，只需剪除影响美观的叶子，但顶端的枯尖可以适当保留，以表现大自然之野趣。而直叶型灯心草，可利用其叶子挺拔疏朗的特点，丛植于浅盆中，扶疏清雅，富有文人情趣。

养护

螺旋灯心草喜阳光充足、温暖湿润的环境，耐寒冷，耐半阴，不怕积水，不耐干旱，对土壤要求不严，但在肥沃、保水性良好的土壤中生长最好。无论什么时候都要给予足够的光照，如果光照不足，会导致叶子徒长，发黄，疲软瘦弱，而且容易折断，因此最好能在室外全阳光处养护，即便是盛夏高温季节时也不必遮光。由于是沼泽植物，喜湿怕旱，要求有充足的水分，栽培中一定要勤浇水，如果有条件，可将花盆放在水盘内养护。生长期每20天左右施一次腐熟的稀薄液肥或复合肥，以提供充足的养分，使叶子挺拔，色泽浓绿，卷曲程度高。冬季最好在室内光照充足处越冬，保持盆土不结冰可安全越冬。平时注意剪除干枯的叶子，以保持盆景的优美。

🔘 弹簧草

🔘 野趣（直叶型灯心草）
兑宝峰 作品

TIPS 螺旋灯心草与弹簧草

　　螺旋灯心草与弹簧草均以叶子扭曲盘旋为主要观赏点，常有人将二者混淆。那么，怎么区分它们呢？

　　弹簧草，因叶子像弹簧草这样扭曲盘旋生长而得名，其概念有狭义与广义之分。其中狭义上的弹簧草则单指风信子科哨兵花属的*Albuca namaquensis*，植株具鳞茎。叶线形或带状，扭曲盘旋生长，总状花序，小花下垂，黄绿色。而广义上的弹簧草涵盖了风信子科、石蒜科、鸢尾科等科的近百种植物，此类植物的基本特点是植株具鳞茎或肥大的肉质根，叶子卷曲生长，其宽窄和卷曲程度有所差异，休眠期叶子干枯。还根据叶子的卷曲程度，形象地分为"钢丝弹簧草""方便面弹簧草""宽叶弹簧草""海带弹簧草""蚊香弹簧草"等。除卷叶垂筒花等个别品种外，大多数种类的弹簧草具有冷凉季节生长，高温时期休眠的习性，休眠期地上的叶子干枯，地下的鳞茎或肉质根留在土壤中。需要指出的是，所有弹簧草叶子的卷曲程度除与品种有关外，还与养殖环境有着极大的关系，一般来讲，在低温强光、昼夜温差较大的环境中，其卷曲程度较高，而在光照不足的条件下，叶子几乎不卷曲。

　　弹簧草的球茎古朴，叶子扭曲飘逸，在国外的一些多肉植物展览中也有盆景造型。

虎耳草

Saxifraga stolonifera

虎耳草株型秀美，叶片圆润可爱，可作山野草栽培，富有大自然野趣。

🈷 姬虎耳草盆景
吴吉成 作品

虎耳草也称石荷叶、金丝荷叶、金线吊芙蓉、老虎耳。为虎耳草科虎耳草属多年生常绿植物。植株具匍匐茎，其顶端有小的植株。基生叶心形或肾形、扁圆形，叶面绿色，被有腺毛，具白色脉状纹，背面紫色。

虎耳草的园艺品种丰富，主要有从日本引进的花叶虎耳草、姬虎耳草（也称大文子草）等，其中花叶虎耳草又有'御所车''雪夜花'等品种。

造型

虎耳草的繁殖以生长季节分株、扦插为主。其株型圆润，叶片玲珑可爱。或用小盆栽种，或植于山石之上，或与菖蒲搭配，或独植，并注意剪掉残破或其他影响美观的叶子，以保持其清雅秀美。

养护

虎耳草喜温暖湿润的半阴环境，怕烈日暴晒，也不耐旱。盆土要求含腐殖质丰富、疏松肥沃。平时保持土壤和空气湿润，使叶色清新润泽，每15天左右施一次薄肥。冬季移入室内光线明亮处，能耐0℃以上的低温。

🈷 虎耳草盆景
郑州碧沙岗公园 作品

槭叶草

Mukdenia rossii

槭叶草的红色花蕾映衬着白色花朵，犹如丹顶鹤的脑袋一般，与碧绿的叶子相得益彰，自然而富有趣味。

槭叶草盆景
刘彦秀 作品

槭叶草别名丹顶草。为虎耳草科槭叶草属多年生草本植物，具粗壮的根茎，被暗褐色鳞片；叶基生，有长柄，叶片卵圆形，掌状5～7深裂或浅裂，裂片卵圆状披针形，边缘有锯齿。花莛疏生柔毛，复伞形花序，长5～7厘米，花蕾红色，绽放后白色，花瓣5～6枚，披针形。花期5～6月。

造型

槭叶草的繁殖以春季分株为主。

槭叶草一般作为山野草栽培，不必做过多的修饰，直接上盆即可，但要剪除干枯、残破以及过大的叶子，以使其清秀典雅，并在盆面铺上青苔，点缀赏石，以营造自然地貌景观，增加作品的野趣。

养护

槭叶草原产我国的吉林、辽宁，朝鲜半岛及日本也有分布，生长在山谷岩石或山坡石砾上。喜温暖湿润和明亮的光照，耐寒冷和干旱，也耐潮湿，宜用排水透气性良好、具有一定颗粒度的土壤栽培。除盛夏高温季节适当遮阴外，其他季节都要给予明亮的光照，以避免植株徒长。平时保持土壤和空气湿润。春季新芽萌动时，施薄肥2～3次。养护中及时摘除泛黄、老化以及其他影响美观的叶子，必要时甚至可将叶子全部摘除，只保留根茎部分，勿忘浇水，7～10天就会有鲜嫩可爱的新叶长出。该植物的叶子在夏天会转为青铜绿色，并有红色纹理，非常美丽。

槭叶草盆景
馤香斋 作品

羽衣甘蓝

Brassica oleracea var. acephala

羽衣甘蓝叶色斑斓多彩，酷似盛开的牡丹花，给人雍容华贵的感觉。

🈳 羽衣甘蓝盆景
郑州贝利得花卉有限公司 作品

羽衣甘蓝也称羽叶甘蓝、叶牡丹、花包菜。为十字花科芸苔属二年生草本植物。其叶叠生于木质化的短茎上，叶片形态丰富，有皱叶、不皱叶、深裂叶等多种，叶色可分为红紫叶和白绿叶两大类。小花黄色，4月开放，花后结类似豆角的细圆柱形长角果。羽衣甘蓝的园艺种很多，像株型紧凑的"海鸥"系列；植株较小、多分枝的"鹤"系列；叶片深裂，形似鸟羽的"孔雀"系列等。

造型

羽衣甘蓝的繁殖可在7月进行播种。也可在11月初购买成株或半成株上盆造型制作盆景。

盆景造型可选用不同叶色的羽衣甘蓝进行组合，以丰富作品的色彩，并加上常春藤、竹柏或其他观赏植物，以增加其层次感。上盆后如果天气干燥，应稍加遮光，等长出须根，植株恢复生长后再进行正常管理。此外，还可选择分枝较多的"鹤"系列品种，在生长期将下部的叶子逐渐摘除，形成类似小灌木的株型，植于盆中，即成为疏密有致的盆景。

养护

羽衣甘蓝喜凉爽湿润和阳光充足的环境，耐寒冷，怕干旱，也怕酷热。生长期浇水掌握"不干不浇，浇则浇透"，盆土积水和长期干旱都不利于其正常生长；每7～10天施一次腐熟的稀薄液肥或"低氮，高磷钾"的复合肥，以促使叶片早日变色。春末花谢后植株干枯死亡，可丢弃，等秋季重新繁育更新。

小红枫酢浆草

Oxalis hedysaroides 'Rubra'

小红枫酢浆草色泽红艳动人，株型矮小而紧凑，最为适宜表现层林尽染的秋天景色。

㊙秋韵
兑宝峰 作品

小红枫酢浆草别名小红枫、熔岩酢浆草。为酢浆草科酢浆草属多年生草本植物，植株丛生，有分枝，茎粗壮；掌状复叶，具长柄，小叶3枚，心形。其茎、叶在阳光充足、昼夜温差较大的环境中呈红色，而在半阴或其他光照不足的环境中颜色较淡，呈浅褐绿色，甚至绿色。小花黄色，主要在春秋季节开放。

造型

小红枫酢浆草的繁殖常用扦插的方法，以春秋季节成活率最高，如果冬季有良好的保温措施也可进行，盛夏高温时则不宜进行，插穗可选择生长健壮充实、带顶梢的枝条，剪去下部的叶子，插入介质后，保持湿润，很容易生根。此外，也可在春秋季节进行分株繁殖。制作盆景则可选择那些生长时间长，有明显主茎、侧枝的植株。

小红枫酢浆草的体量不大，最适宜制作微型或小型盆景。可利用其茎、叶红艳的特点，表现"层林尽染""霜叶红于二月花"的秋天景色，主要有丛林式、双干式、直干式、悬崖式、临水式、水旱式等造型。由于是草本植物，茎较脆，易折断，可通过改变种植角度、修剪、利用植物的趋光性、向上生长的习性等方法使之达到理想的效果，而不可用木本植物盆景常用的蟠扎法。

小红枫酢浆草的造型一般在春秋季节进行，根据造型需要选择不同的盆器，一般来讲，丛林式、水旱式宜选择稍浅或中等深度的盆器，以表现其视野的开阔；悬崖式则宜用较深的盆器，以表现其潇洒飘逸的神韵。盆土要求含腐殖质丰富、疏松透气、保水性良好，可用草炭掺珍珠岩混合配制，上盆后根据需要剪除多余的枝叶，并注意高低的错落，做到有藏有露，疏密得当，使之以小见大，表现大自然中林木葱茏的景色。最后在盆面点缀赏石、栽种小草，铺上青苔，使地貌自然起伏。新上盆的植株放在无直射阳光处缓苗一周左右，期间注意浇水，经常向植株喷水，以保持土壤、空气湿润，促进根系的恢复生长。

小红枫酢浆草在春秋季节扦插非常容易成活，无论老枝、嫩枝只要插入土壤都能生根成活，在制作丛林式盆景时，可根据需要剪取形状、长短合适的枝条，插在相应的位置，7~10天就会生根成活，成为新株，与原有的植株融为一体。

小红枫酢浆草对光线极为敏感，其叶色只有光照充足的条件下，才能呈鲜艳的红色，而在光照欠缺的环境中则呈绿色，因此刚刚合栽的植株叶子有红有绿，这属于正常现象，在相同环境中养护1周左右，叶色就会变得一致。

养护

小红枫酢浆草喜温暖湿润和阳光充足的环境，不耐寒，怕酷热，也不耐长期干旱，适宜在含腐殖质丰富、疏松透气的土壤中生长，可用草炭土、珍珠岩等混合配制。春秋季节的生长期放在光线明亮处养护，如果光照不足，会造成植株徒长，株型松散，羸弱不堪，叶色难以呈现出其特有的红艳之色，而是呈淡绿色；平时注意浇水和向植株喷水，以保持土壤和空气湿润，避免叶

子萎蔫脱落，但也不要长期积水，以免烂根。每20天左右施一次稀薄的复合肥，以提供充足的养分，有利于植株良好状态的保持。夏季高温时植株生长缓慢甚至完全停滞，可放在通风凉爽之处养护，勿使烈日暴晒，以免闷热、强光灼伤叶子对植株造成不利影响。冬季放在室内阳光充足之处，最好保持5℃以上的室温，并有一定的昼夜温差。

小红枫酢浆草萌发力强，如果不加修剪，就会长成丰满的球状株型，因此生长期注意剪除影响造型的枝叶（剪下的枝条可供扦插繁殖），以持盆景的疏朗美观。其花单独观赏虽然也很美，但作为盆景，是以红艳的叶色，小中见大的株型取胜的，过大的花朵往往影响意境的表现，"小树开大花"显得不伦不类，而且杂乱无章，因此，要随时掐去花朵，以保持作品的自然美观。在盆景中小红枫酢浆草以叶片小而稠密为美，这样更能以小见大，表现出大树的神采，可通过增加光照、控水等方法来实现。

小红枫酢浆草虽是多年生，但栽培3~4年后植株会逐渐衰老，失去观赏价值，可将其丢弃，重新制作盆景。

霜叶红于二月花
兑宝峰 作品

在光照不足环境中的小红枫叶子呈绿色

多彩山林
兑宝峰 作品

◎ 实例 《南山秋韵》（张国军 制作）

1. 两盆小红枫酢浆草，其中的一盆由于光照不足，叶子不是那么红，为了更好地表现秋色，选取了叶色较红那盆作为制作盆景的材料；

2. 椭圆形汉白玉浅盆很能突出视野的宽阔，而且盆中的空白部分还可用来表现"江水"，犹如国画中的留白；

3. 将植株从培养盆中取出，从中选取一丛高低错落、疏密得当的丛生株作为主景，剔除多余的植株和土壤；

4. 在汉白玉浅盆的一侧堆土备用，由于这丛'熔岩'酢浆草株高基本一致，栽种时应注意角度的选择，可使部分植株倾斜一点儿，这样就有了高低错落，看上去更加活泼自然，接着作出曲折有致的水岸线；

5. 在盆的另一侧种一丛小的'熔岩'酢浆草，作为配景，以增加透视感，使作品产生远与近的变化；

6. 铺上青苔，根据需要点缀山石；

7. 对盆景细部进行修整，剪去影响美观的枝叶和枯叶，清除盆面的浮土，使之洁净美观；

8. 在"水"的部分摆放一只帆船，使景"活"起来，但远景似乎还有些欠缺；

9. 在远处的江岸摆放一只灰白色的小亭子作为衬景，使作品有了虚实、远近的对比，纵深感更强。

10. 后来又将其移至长方形浅盆中，作成丛林式造型的盆景，并在盆面点缀山石，铺青苔，营造出自然起伏的地貌形态；

11. 中间的位置有些空缺，就摆了匹低头食草的马，以平衡画面，增加趣味性，并题名《南山秋韵》，以表现"马放南山"的太平景象。

1

2

红花酢浆草

Oxalis corymbosa

红花酢浆草根茎古雅苍劲，红花绿叶相得益彰，且习性强健，是很好的草本植物盆景素材。

红花酢浆草盆景
郑州贝利得花卉有限公司 作品

红花酢浆草也称夜合梅、酸味草。为酢浆草科酢浆草属多年生常绿草本植物，植株无茎，地下部分具球状鳞茎，外层鳞片膜质，褐色，生长多年的鳞茎层叠累摞，犹如一串串微缩版的"糖葫芦"，而由数个"糖葫芦"组成的群生株高低错落，尤为壮观。叶基生，具长 5～30 厘米的叶柄，小叶 3 枚，扁圆状倒心形，绿色，被毛或近似于无毛。花瓣 5 枚，淡粉红色至紫红色，春季至秋季开放。其花和叶都光线都极为敏感，通常在光照充足时才展开，夜晚、阴雨天或光照不足之时均呈闭合状。

造型

红花酢浆草的繁殖以分株为主。其盆景的主要观赏点是古雅清奇、盘根错节的根茎。可在春季或生长季节挖掘那些生长多年的植株作为盆景材料。挖掘时，应谨慎小心，切勿碰伤块茎，以免影响造型，严重时还会导致伤口感染，造成腐

烂，如果万一不小心碰伤，可在伤口处涂抹木炭粉或多菌灵等，以免腐烂。

上盆时根据根茎的形状差异及整体造型选择不同的盆器，或单株成景，或数株组合，对于较大的群体则可分成数株栽种。无论什么样的种植都要将根茎露出土面，并将老叶剪去，以减少水分蒸发，保证成活。栽种时注意高低错落，角度的选择，使之层次丰富，有一定的变化。新上盆的植株宜放在空气湿润、无阳光直射处养护，有条件的最好将小盆深埋入大盆或沙床中培养，以促进根部生长，有利于植株成活，等完全成活后，再逐渐将根部露出土面。

养护

红花酢浆草喜温暖湿润、阳光充足的环境，也耐干旱和半阴。在地栽或用大盆栽种的情况下，习性非常强健，能在各种不利的环境中生长。但作为盆景，受到盆器大小的限制，土壤较

少，根系难以舒展，因此日常管理不宜粗放。在自然状态下，其根茎是埋在土壤里的，需要一定的湿度才能健康生长，而对于盆景，一定要将根茎露出土面才有较高的观赏性，为了解决二者之间的矛盾，除在平时勤喷水外，还可在露出土面的根茎上附苔藓等，以保持湿润。栽培中短期的干旱虽然不会造成植株死亡，但叶片会萎蔫发黄，因此平时一定要保持土壤湿润，但不要积水，以免根茎腐烂。

平时放在室外阳光充足处养护，以使叶柄短粗，株型矮壮紧凑，并有利于开花，而光照不足则会造成徒长，叶柄变得细长，容易倒伏，难以开花。红花酢浆草有着较强的趋光性，摆放时应将观赏面朝着有光的一面，这样可使叶子朝着一面生长，较为符合人们的审美标准。其叶片以稀疏为美，叶子的萌发力也很强，可择机剪掉老叶，以使得叶子错落有致，疏密得当，并促发清新动人的新叶，表现出"老干翠叶相映成趣"的意趣，对于枯黄、破损或其他影响美观的叶子，过多、过乱的叶子以及开败的残花更要及时剪除，以保持美观。

红花酢浆草耐瘠薄，作为盆景也不需要生长太快，因此平时不必施肥，但在春、秋季节，可每10天左右向叶面喷施一次磷酸二氢钾、花多多之类的以磷钾为主的液肥，以促进开花。红花酢浆草在夏季高温时有短暂的休眠，其生长停滞，新叶不再萌发，可放在通风凉爽处养护，避免闷热的环境。冬季则放在室内光照充足之处，不低于0℃可安全越冬。

每年春天翻盆一次，盆土宜用疏松肥沃、排水良好的砂质土壤。

红花酢浆草盆景
兑宝峰 作品

红花酢浆草盆景
玉山 摄影

春意盎然
兑宝峰 作品

红花酢浆草盆景
兑宝峰 作品

国兰

Cymbidium sp.

国兰潇洒飘逸，花朵素雅芳香，是一种极具中国传统文化特色的植物，以其为题材的诗歌书画作品数不胜数。

含风影自斜

王小军 作品

国兰也称兰花。是对兰科兰属多年生草本植物的统称。植株丛生，具肉质根和假鳞茎，叶带状，略弯曲，其姿态潇洒飘逸，色彩清新雅致，有"观叶胜观花"之说。花形多变，花色素雅，芳香浓郁。用于制作盆景国兰不要求品种的稀有名贵，只要习性强健，好种好活，长势旺盛即可，株形则要美观，叶片疏朗秀逸，不宜过长和凌乱，否则过于粗野，失之雅趣。春兰、蕙兰、台兰、建兰、墨兰、春剑等种类中的常见品种(俗称"行花")都可使用。

造型

国兰的繁殖常用分株的方法，大量繁殖则用组织培养的方法。也可购买成株或采挖野生兰制作盆景。

国兰盆景的布局造型应突出大自然野趣，先在花盆中栽种几丛兰花，栽种前剪去腐烂的根以及黄叶、枯叶，栽种时注意前后的错落和左右的

呼应，不要将其种在一条直线上，否则会使作品呆板，缺乏层次感，然后在合适的位置点缀几块朴拙自然的观赏石，点石时注意石块不可与兰花的高低相等，或高于兰花，或低于兰花，使其主次分明，然后再点缀以天胡荽、玉龙草等种类的小矮草，以丰富盆景的内涵，最后再在盆面铺上青苔，这样一件和谐自然、富有诗情画意的兰花盆景就完成了。此外，还可模仿国画中的兰石图制作盆景，甚至将兰花种植在凿洞的山石上。

对于成型的盆景，则选择一些诗词中的咏兰佳句给盆景题名，以起画龙点睛之作用，彰显其文化内涵。

养护

国兰喜温暖湿润的半阴环境，制作好的盆景宜放在光线明亮又无直射阳光处养护。平时保持盆土湿润，但不要积水，以免造成烂根。经常向植株及周围环境喷水，以增加空气湿度，使叶子

清新润泽，避免叶尖枯焦。生长季节每月施1次腐熟的稀薄的液肥。平时注意摘除发黄干枯的叶子，以保持盆景的美观，花败后及时剪去花莛，以免消耗过多的养分，影响生长。夏季高温时注意通风良好，避免烈日暴晒，也要防止雨淋，可搭荫棚进行遮阴防雨。冬季置于温室内，给予充足的阳光，注意控制浇水，一般情况下不结冰即可安全越冬。

每2~3年翻盆一次，在春季进行，翻盆时注意对兰花栽种位置的调整，以保持盆景的美观。盆土宜用疏松透气、含腐殖质丰富的微酸性土壤，可用腐叶土或草炭、河砂等混合配制，也可用花市出售的兰花专用土种植。

凉露滴苍玉
王小军 作品

兰韵
玉山 摄影

兰韵
玉山 摄影

清风摇翠环
王小军 作品

蝴蝶兰

Phalaenopsis aphrodite

蝴蝶兰品种丰富，叶片肥厚浓绿，花朵似翩翩起舞的蝴蝶，用其制作盆景灵动而富有趣味。

蝶趣
玉山 摄影

蝴蝶兰为兰科蝴蝶兰属多年生附生草本植物，植株有着发达的根系，茎短而肥厚，具3~4枚或更多的肉质叶。花序侧生于茎的基部，花朵的大小根据品种的不同从2厘米到15厘米以上不等。花色有纯白、粉红、紫红、红褐、黄、橙以及白花红唇等多种颜色，在适宜的环境中一年四季都能开花。

造型

蝴蝶兰的繁殖常用分株或组织培养等方法。但这些方法相对繁琐，因此可购买即将开花的成株制作盆景。购买时应选择植株和花朵都不是很大的中型或小型品种，花的颜色则可根据个人喜好选择。造型时或数株合栽，或单株成景，还可与文心兰等品种的洋兰以及观赏凤梨、蕨类植物组合，或配以山石、枯木等搭配，制作出自然时尚、新颖别致的盆景。

养护

蝴蝶兰为附生植物，在原产地生长在热带雨林中，以发达的根系附生在丛林的树干或岩石上，因此不能用普通的培养土栽种，应用苔藓、蕨根或树蕨块、树、砖块等材料种植。蝴蝶兰喜温暖湿润的半阴环境，不耐寒，怕积水，忌强光直射，要求有良好的通风。生长期的温度宜保持15℃以上，夏季应避免持续高温，高于32℃，植株进入休眠期。浇水应在栽培材料干透后再进行，一定要浇透。空气干燥时可用与室温近似的水向叶面喷洒，以增加空气湿度。花谢后及时剪去残花梗，以免消耗过多的养分，影响植株生长。花期过后，新根和新芽开始生长，可每周施一次腐熟的稀薄液肥，既可向叶面喷施，也可向根部浇灌。

囙 野趣
玉山 摄影

囙 蝶趣
玉山 摄影

囙 山花
玉山 摄影

囙 蝶之舞
郑州陈砦花市 作品

囙 蝴蝶兰盆景
玉山 摄影

蝴蝶石斛

Dendrobium phalaenopsis

蝴蝶石斛品种丰富，株型自然飘逸，花大而美，是很好的观花植物。

武
玉山 摄影

蝴蝶石斛为兰科石斛属常绿附生草本植物，植株具假鳞茎，茎粗壮，直立，有纵沟，叶互生，矩圆形至披针形，顶端尖锐，革质，绿色，可维持数年不脱落。花序稍弯曲，由成熟的假鳞茎顶端及附近的节处伸出，花朵自下而上逐渐开放，其花瓣厚实，瓣型短而宽阔，平展而不扭曲，很像蝴蝶兰的花，根据品种的不同，花色有白、粉、红、紫以及各种复色。花期2个月以上。在适宜的条件下，全年都可开放。

石斛属植物约1000种左右，此外还有一些园艺种和杂交种，其中不少植物不大，习性强健的种类种类都都可制作盆景。如铁皮石斛、报春石斛、蜂腰石斛等。

造型

蝴蝶石斛的繁殖以分株或扦插为主。制作盆景的石斛多在市场或网上购买成株。其盆景造型方法与蝴蝶兰基本近似，可参考进行。

养护

蝴蝶石斛原产于大洋洲的澳大利亚和新几内亚等热带地区，植株无明显的休眠期，适宜在温暖湿润和光线明亮，又无直射阳光的环境中生长，不耐寒冷和干旱，忌烈日暴晒。平时保持栽培材料和空气湿润，每次浇水都要求均匀、浇透，水温不要低于15℃。生长期每月施一次腐熟的有机液肥，肥水宜淡不宜浓，也可每半月用水溶性速效肥进行叶面喷施，喷施时注意肥液不要直接喷到叶面上，应向上喷洒，使含有肥液的雾滴弥散在空气中，自由落体均匀地附着于叶片上。除冬季和早春给予充足的光照外，其他季节都要遮光。冬季夜间温度最好保持在15℃以上，白天则要求有25～30℃的温度。

蝴蝶石斛的翻盆在春季或秋季花谢后进行，因是附生兰花，宜用蕨根、树皮块、水苔、木炭、碎砖块等材料栽培，种植前先将这些材料洗净，并在水中浸泡1天以上，种植时先在盆底放一层直径2～3厘米的碎砖块或其他颗粒材料，以利排水，种植时注意不要碰伤新芽和根部。

蝴蝶石斛盆景
玉山 摄影

蝴蝶石斛盆景
玉山 摄影

野趣
玉山 摄影

蝴蝶石斛盆景
玉山 摄影

兜兰

Paphiopedilum sp.

兜兰的花型奇特，叶子秀美，用其制作盆景，极富大自然情趣。

兜兰盆景
北京植物园 作品

兜兰也称拖鞋兰。为兰科兜兰属常绿草本植物，植株无假鳞茎，无茎或具极短的茎，叶片近基生，革质，带形，有明显的中肋，淡绿色至绿色，也有叶面带紫红色花纹的品种。花莛自叶间抽生而出，有花1~2朵，花形奇特，唇瓣呈拖鞋状或兜状、囊状，萼片也很特别，背萼发达，呈扁圆形或倒心形，其两片侧萼完全合生在一起，通常较背萼小，着生在唇瓣后面，称为"腹瓣"，不甚显著，花瓣具蜡质，花色极为丰富，由黄、白、绿及褐色斑纹或斑块组成，根据品种的不同，花形和花色变化极大，全年都有可以开花的品种。

兜兰是世界上栽培最早的洋兰，也是较为普及的洋兰品种之一，大致可分为杂交种和原生种两大类，其中杂交种具有容易开花、花大色艳、生长强壮等特点；而原生种按生长环境的不同又可分为两类，一类是叶片全绿，花形大，花色鲜艳，原产于高山冷凉地区，性喜冷凉，花期秋季至春季，夏季为其休眠期。另一类为斑叶种，叶片较小，叶面上有美丽的斑纹，性喜温暖，畏强光，花期在夏、秋，冬季休眠。

造型

兜兰的繁殖以分株为主，在早春或花后短暂的休眠期结合换盆进行。也可购买成株制作盆景。

制作盆景的兜兰宜选择植株小巧、容易开花的品种，造型时可数株组合，配以奇石、枯木，表现其原产地的生态景象，组合时注意植株的高低、错落、疏密，以避免呆板，使作品生动自然；也可单株植于小盆中，以展现其花朵的细腻唯美。

养护

兜兰原产于亚洲的热带及亚热带地区，多数为地生种，生长在林下的腐质土内，少数为附生种，附着在岩石或树干上生长。喜温暖湿润的半阴环境，不耐寒，怕烈日暴晒。可常年放在室内光线明亮处养护，5～9月注意遮光，以避免因烈日暴晒而引起的日灼病。由于兜兰没有假鳞茎，抗旱能力较差，因此应经常浇水，以保持土壤湿润，在空气较为干旱的时候，勤向植株及周围环境喷水，以保持较高的空气湿度，在开花期，空气湿度可稍小些，以延长花期。在新芽萌发后，每2～3周施一次腐熟的稀薄液肥，施肥时不要将肥水溅到叶面上，以免引起叶子腐烂。夏季高温时注意通风，特别是产于低纬度高海拔的绿叶种类，十分怕热，高温潮湿很容易引起软腐病，幼叶和嫩芽逐渐变黑而枯死，严重时甚至整株死亡，出现这种情况必须停止向叶面喷水，加强通风，进行降温，并喷洒抗菌剂进行防治。大多数品种的兜兰都不耐寒，特别是叶片较小，正反两面都有各种紫红色大理石花纹的品种，更是需要较高的越冬温度，因此冬季夜间温度不可低于10℃，白天应高于夜间5～10℃。

每2～3年换盆一次，一般在花后进行，可用腐叶土、泥炭土、苔藓或树皮块等做盆栽材料，还可用泥炭土、腐叶土栽培，但要在盆底1/4的部分填充碎瓦片、砖块等颗粒材料，以利于排水透气，近年来还有人用陶粒加腐叶土、泥炭土等栽培，效果也很好。

野趣盆景
玉山 摄影

兜兰盆景
郑州绿博园 作品

含苞
玉山 摄影

兜兰盆景
郑州绿博园 作品

秋海棠

Begonia grandis

秋海棠株型优美，花朵玲珑可爱，用其制作盆景清新自然，颇有特色。

ⓐ 秋海棠小品
敲香斋 作品

秋海棠为秋海棠科秋海棠属多年生草本植物，具根状茎，茎肉质，直立生长；茎生叶互生，叶片轮廓卵形至宽卵形，两侧不相等，叶面绿褐色，常有红晕。花以粉红色为主，其他还有白色、红色、黄色等。在适宜的环境中，全年可开花。

秋海棠的种类和品种繁多，大致可分为观花、观叶、观球根等不同的类型。其花色或绚丽或清新。叶片的大小、形状和色彩也有很大差异，适宜制作盆景的是株型不大、叶片玲珑的品种，像观花的四季秋海棠，观叶的天使翼秋海棠、虎斑秋海棠、银星秋海棠（俗称"牛耳海棠"）、竹节海棠等。

造型

秋海棠可用扦插或播种的方法繁殖。

秋海棠可根据株型制作不同形式的盆景，因其茎枝较脆，容易折断，不宜用蟠扎的方法造型，上盆时可考虑用改变栽种角度，将原本直立生长的植株倾斜栽种，使之具有一定动势，并剪去影响美观的枝条和叶子。银星秋海棠、竹节海棠枝干粗壮挺拔，可剪除下部的叶子，做成孤傲清高的文人树造型。

养护

秋海棠喜温暖湿润的半阴环境，烈日暴晒和过于荫蔽都不利于植物的生长，平时保持土壤湿润而不积水；每月施一次稀薄液肥。适宜在疏松肥沃、含腐殖质丰富的土壤中生长。及时剪去残花及影响美观的枝叶。冬季移入室内阳光充足处养护，5℃以上可安全越冬。

秋海棠盆景
敲香斋 作品

秋海棠盆景
玉山 摄影

秋海棠盆景
敲香斋 作品

秋海棠盆景
玉山 摄影

归舟
王小军 作品

水仙

Narcissus tazetta var. chinensis

水仙是我国的传统名花，其花盛开于寒冬季节，高洁雅致，是案头陈设的佳品。

凌波仙子聚香江
黄就成 作品
刘少红 提供

水仙别名中国水仙。为石蒜科水仙属多年生草本植物，鳞茎卵球形，叶扁平线形，全缘，钝头，粉绿色。花茎几乎与叶等长，伞形花序，有花4~8朵，花被裂成6片，卵形至阔椭圆形，白色；副冠浅杯形，黄色，有清香。自然花期春季，人工促成栽培后可在冬季开花。有单瓣花与重瓣之分，前者叫"金盏银台""金盏玉台"或"酒杯水仙"，后者叫"玉玲珑"或"百叶水仙"。

中国水仙的鳞茎球由鳞茎皮、若干肉质鳞茎、叶芽、花芽和鳞茎盘组成。以福建漳州出产的最为著名，在原产地要经过3年的培育才能成为商品球供应市场。那么怎样才能挑选到好的水仙呢？

首先是规格，规格越大，开花就越多，但价格也越高。其次是看外形，主鳞茎球外形要求扁圆，即左右直径大于前后直径，这是由于水仙鳞茎内的花芽是基本上是平列生长的，在大小相同的情况下，扁圆形花头要比正圆形或长圆形花头所包含的花芽多；在除去根部泥土的条件下，重量以沉者为佳，轻者为次；此外还要求鳞茎球坚实、弹性好，如果其松软无弹性，则说明脱水严重，水养后长势不佳，花朵小而少，香味也淡。主鳞茎球外的枯皮以深褐色、完整厚实光亮者为上，若其呈浅黄褐色，薄而无光泽，则说明鳞茎球发育不良或栽培年数不够，尚未成熟，花芽少，甚至无花芽。有时花头在贮存、运输过程中保护不好，主鳞茎球外皮被损坏，使露出来的白色鳞茎片萎缩变色，也会影响到以后的开花。发育成熟的水仙花头底部的根盘宽阔而凹陷较深，若其根盘小而浅则说明栽培年数不够，发育不成熟，花芽稀少或无花芽。新根要求尚未长出或长出不超过2厘米。最后还要注意主鳞茎球两旁的小鳞茎球不能过多、过小，以免分散养分，影响主鳞茎球的生长，但也不能过少，否则造型不美，一般每侧有1~3个为宜。

造型

水仙以水培为主，因此莳养水仙宜用底部无排水孔、不漏水的盆器，其色泽不宜过于鲜艳，以素雅为好，以搭配水仙高洁清雅的风格。

水仙在水养前要去掉褐色外衣、根部的"护根泥"及干枯的老根，然后放在清水中浸泡1～2天，每天换水2～3次，以清除球内的黏液等杂质。其摆放角度根据造型的需要，或斜或正，然后放在陶瓷、塑料、紫砂等盆器内，加水至球身的1/3处，为了美观和固定根系，可在盆底放些洁净的石子、陶粒等物品。

水仙还可进行雕塑造型，方法是将鳞茎纵切，露出叶芽和花芽，再用锋利的刀具将花梗及叶片的一侧刮去一部分，如此在生长时叶及花箭就会朝着有伤的一侧弯曲，从而形成卷曲低矮的叶子及花梗。操作时需小心谨慎，切勿伤损花苞。常见的造型有蟹爪、花篮、茶壶、金鱼、孔雀开屏、金鸡报晓等。

养护

水仙喜凉爽湿润和阳光充足的环境。从水养到开花40天左右，可据此确定水养的时间，以使其在元旦、春节开花，增加节日的喜庆气氛。此外，还要注意温度对水仙开花的影响，像在20～25℃的环境中，25～30天就能开花，低于10℃，则需要50～60天才能开花。

水仙对水质有一定的要求，最好采用井水、矿泉水等，如果是自来水，应晾晒2～3天，以沉淀杂物，释放氯气。前3～5天可放在有散射光处养护，以促进根系的发育。以后移到光照充足处，使之尽量多接受阳光的沐浴，以避免徒长、叶子变得柔嫩细弱，从而引起倒伏等现象。水仙喜欢冷凉的气候，在10～18℃的环境中生长良好，并要求有一定的昼夜温差（白昼要比夜晚高10℃左右），超过25℃虽然叶子繁茂，但难以开花，即便是有花蕾形成，也会枯萎；长期低于5℃也难以开花。

水养的前10～15天最好每天都换水，以后则3天换一次。水仙的根系断后难以再生，因此换水时一定要保护好根系，避免伤损。开花后移至冷凉的环境中，以延长花期。

观赏期过后将开过花的种球丢弃，一般不做繁殖。

凌波仙子聚香江
黄就成 作品
刘少红 提供

凌波仙子聚香江
黄就成 作品
刘少红 提供

仙客来

Cyclamen persicum

仙客来花型奇特，叶子圆润可爱，是冬季重要的观赏花卉，用其制作盆景更是新颖别致。

仙客来盆景
玉山 摄影

仙客来别名兔子花、萝卜海棠。为报春花科仙客来属多年生草本植物，具球形或扁球形的球茎。叶面绿色，有银白色或灰白色斑纹，叶形则有圆形、肾形、心形、短剑形、戟形、常春藤叶形等。花梗细长，花蕾下垂，盛开后花瓣反转向上，花色有纯白、粉红、红、紫红等颜色为主，正常花期为11月至翌年的3月。

造型

仙客来的繁殖多用播种的方法，一般在秋季进行。但为了尽快成型，可到花市购买开花的成株，宜选择叶小、花小的"迷你型"品种。由于商品株多为塑料盆栽种，看上去很不美观。因此一定要换紫砂盆、瓷盆或其他较为美观的盆器，盆的色彩应淡雅，尽量不要选用红色等颜色较为鲜艳的盆器，以免喧宾夺主，盆器也不宜过深。栽种时可将植株略微倾斜一些，使得作品富有动感，尽量勿使土团散开，将球茎的顶部露出土面

1/3左右，并摘除发黄、过大过小或其他影响美观的叶子。栽好后可在盆土表面铺一层青苔，以保持洁净美观。

仙客来还可与铁线蕨、网纹草等观叶植物搭配，营造出生机盎然的自然景观，栽种时应注意高低的错落，主次的分明，切不可杂乱无章。

养护

仙客来喜凉爽湿润和阳光充足的环境，具有夏季休眠的习性。冬季及早春的观赏期宜放在光照充足处养护，避免温度过高、光照不足的环境，以免叶柄、花梗徒长，这样株型不仅会变得杂乱难看，还容易倒伏，而且还会消耗过多的养分，对正常开花造成影响，从而缩短花期。平时盆土湿润而不积水，浇水时不要将水浇到球茎顶端的生长点上，应浇到土壤里，这些都是为了防止球茎腐烂。一般情况下用不着施肥，如果施肥可用0.5%的磷酸二氢钾溶液向叶片喷洒，以补

充磷钾肥，促使花蕾的绽放。对于因缺水而叶子、花梗萎蔫的植株，不能按着常规的方法从上面浇水，这是因为用于种植仙客来的土有着极好的排水性，如果等其完全干透，从上面浇水，水就会很快流出，但土壤还是干的，其根系吸收不到水分，叶片只能继续萎着，长此下去，叶片会发黄，最后干枯，花蕾也不能绽放，植株完全进入休眠状态。正确的方法是，将花盆放在与室温相近的水盆内，采取"浸盆"的方法补充水分。

平时主要摘除开败的残花，及枯萎发黄的叶子，以保持其美观。花期后，随着气温的升高，叶子逐渐枯萎，植株进入休眠状态，可将花盆放在通风凉爽的地方，控制浇水，以免球茎腐烂。也可将球茎丢弃，到初冬再购买开花的植株重新上盆布景。

仙客来盆景
兑宝峰 作品

仙客来盆景
兑宝峰 作品

TIPS 球根花卉

　　球根花卉是一类具有地下贮藏器官的观赏植物，其地下茎或根变态形成的膨大部分（也有少量是地上茎或叶发生变态膨大的植物）以贮藏养分，一般为多年生草本植物。按地下茎形态的不同，大致可分为鳞茎类、球茎类、块茎类、根茎类等几种类型。

　　球根花卉有两个主要原产地区。一是以地中海沿岸为代表的冬雨地区，包括小亚细亚、好望角和美国加利福尼亚等地。这些地区秋、冬、春降雨，夏季干旱，从秋至翌年的春季是生长季，一般秋天栽植，秋冬生长，春季开花，夏季休眠。另一是以南非(好望角除外)为代表的夏雨地区，包括中南美洲和北半球温带，夏季雨量充沛，冬季干旱或寒冷，由春至秋为生长季。春季栽植，夏季开花，冬季休眠。

马蹄莲

Zantedeschia aethiopica

马蹄莲株型亭亭玉立，叶色翠绿，花型奇特而富有趣味。

⑤ 马蹄莲盆景
玉山 摄影

马蹄莲为天南星科马蹄莲属多年生草本植物，植株具块茎，易分蘖，形成丛生株；叶有长柄，叶片心形或箭形，绿色，有些品种叶面上有白色斑点；花由佛焰苞和肉穗花序两部分组成，其中的佛焰苞形似马蹄，颜色以白色为主，其他还有黄、红褐、粉等颜色，肉穗花序黄色。

造型

马蹄莲的繁殖可用分株、播种等方法。用于制作盆景的马蹄莲可购买即将开花的植株进行造型，以缩短成型时间。

马蹄莲株型优美，修长的叶柄亭亭玉立，直接植于浅盆中即是一件优美的盆景，栽种时注意除去干枯以及其他影响美观的叶子，并在盆面铺上青苔，使之典雅洁净，衬托出植物的高雅。

养护

马蹄莲喜温暖湿润的半阴环境，不耐寒冷和干旱，也不耐酷热。通常在冬春季节开花，夏季休眠。一般在9月上盆栽种，土壤要求疏松透气、排水良好，并含有丰富的腐殖质，可采用腐殖土或泥炭土掺少量的珍珠岩、蛭石的混合材料栽培。冬季给予充足的阳光，最低温度不能低于8℃，其他季节则要适当遮光，尤其是夏季更要遮阴，并注意空气的流通，控制浇水，以免因积水导致块茎腐烂。生长季节宜保持土壤湿润，并经常向叶片及植株周围喷水，以增加空气湿度，保持叶色的清新鲜绿。每7～10天施一次腐熟的稀薄液肥或复合肥，以提供充足的养分，促进植株开花。

红掌

Anthurium andraeanum

红掌花期长，色彩鲜艳，具有浓郁的热带风情，给人以热情洋溢的感觉。

红掌
玉山 摄影

红掌中文学名花烛。为天南星科花烛属多年生常绿草本植物，茎节短，叶自基部生出，叶柄细长，叶片长圆状心形或卵心形，绿色，全缘，革质。佛焰苞平出，革质，并有蜡质光泽，有红色、橙红色、白色、淡绿色等，肉穗花序柱状，黄色，在适宜的环境中可常年开花不断。

红掌的园艺种十分丰富，花色、植株大小都有很大差别。近似种有火鹤花（*Anthurium scherzerianum*），其肉穗花序红色，卷曲。

造型

红掌的繁殖以分株、组培为主，制作盆景的红掌可到花市或生产基地购买小型品种，具有省事、方便等优点。

红掌的叶柄、花莛都很长，亭亭玉立，在制作盆景时可将植株栽于长盆一侧，并搭配以春羽或其他习性相近的小花小草，以丰富层次，增加表现力。

养护

红掌喜温暖湿润的半阴环境，不耐寒，也

不耐旱，也怕强光暴晒。适宜在含腐殖质丰富、疏松透气的微酸性土壤中生长，忌盐碱，可用泥炭、珍珠岩、沙混合配制，并将pH调整到5.5～6.5。平时放在光线明亮又无阳光直射处养护，生长期保持土壤和空气湿润。每15～20天施一次腐熟的稀薄液肥，开花期减少浇水，增施磷钾肥，以延长花期，花后及时剪去残花。冬季最好保持10℃以上，以免遭受冻害。

扬帆远航
玉山 摄影

海石竹

Armeria maritima

出亭亭玉立的花箭，十分典雅。

海石竹株型紧凑，葱茏翠绿的叶丛中抽

海石竹盆景
兑宝峰 作品

海石竹盆景
兑宝峰 作品

海石竹别名桃花钗、滨簪花。为白花丹科海石竹属多年生草本植物，植株低矮，呈丛生状，叶基生，线状长剑形；头状花序顶生，花梗细长，小花聚生于其顶端，呈半圆球形，花色紫红、粉红、白等颜色，自然花期3～6月，在温室内栽培花期可提前至2月开放。

造型

海石竹以分株繁殖为主，也可在1月温室内播种，约5月开花，若使其在春季开花可在头年的8～9月播种。

海石竹株型秀雅，翠绿而纤细的叶子与亭亭玉立的花序相得益彰，文雅动人，即便不在花期，其紧凑的翠叶也有着较高的观赏性，盆景造型时应以表现植物的自身之美为主，直接上盆即可，而不必作过多的修饰，其盆器也要素雅洁净，不可过于花哨，但可在点缀赏石、铺青苔以及栽种天胡荽等小草，以增加作品的自然野趣。

养护

海石竹喜阳光充足和温暖湿润的环境，忌高温高湿，除夏季适当遮阴，避免烈日暴晒外，其他季节都要给予充足的阳光，这样可使株型紧凑，叶呈团簇状，而光照不足，除影响开花外，其叶也会徒长，变得散乱。平时保持土壤湿润而不积水。海石竹的花凋谢后并不脱落，会呈干花状长期留存在花茎上，亦有一定的观赏价值，可不必剪去，但枯黄的叶子应及时剪掉，以保持雅洁美观。越冬温度宜5℃以上。每1～2年的春季翻盆一次，盆土要求含腐殖质丰富、疏松透气。

菊花

Chrysanthemum morifolium

菊花是我国的传统名花。与梅、兰、竹并称为花中四君子。其花盛开于晚秋，具有清寒傲霜、不向恶势力屈服的品格，同时还具有长寿、吉祥的寓义。

菊石图
郑州人民公园 作品

菊花为菊科菊属多年生宿根草本植物或常绿草本植物，茎直立或匍匐生长，分枝或不分枝，被柔毛；叶互生，有短柄，叶片卵形至披针形，羽状浅裂或半裂，下面被有灰白色短柔毛。头状花序单生或数个聚生于茎枝顶端，直径2.5～20厘米，大小不一，花型也因品种的差异而不同，花色以黄色为主，其他还有白、红、橙、粉、紫、绿、暗红等颜色。自然花期9～11月，在人工的控制下，也可其他季节开花。

菊花的品种很多，适宜制作盆景的是植株苗壮、主干粗、叶节短、叶片小、枝杈密、花朵小而且繁多、花期长、花色好的小菊品种以及其他花型美观、株型自然的菊花品种，而那些花朵硕大的品种由于很难以小见大，不能表现出菊花的自然风采，反而不适合制作盆景。

造型

菊花的繁殖一般在11月花谢后从根部切离带有新根的壮芽，另行栽植，冬季放在阳光充足的冷室内，温度不宜过高，也不要浇太多的水，保持盆土稍湿润即可，否则会造成植株徒长，茎枝纤细瘦弱。等第二年的3月下旬天气转暖时，将其移到室外，栽入较大的盆器内，以后加强水肥管理，使植株生长旺盛。到了5～6月就可以造型了。

菊花盆景常见的造型有仿树木盆景的悬崖式、单干式、斜干式、丛林式、连根式或附石式、附木式以及微型菊花盆景、仿国画的菊石图等几种。其造型方法以金属丝蟠扎为主，修剪为辅，蟠扎时间宜选择天气晴朗的午后，这是因为菊花的嫩茎在饱含水分时非常脆，弯曲时很容易折断，而经阳光暴晒，枝条水分蒸发一些后，会变得较为柔韧，此时蟠扎效果较好。主干蟠扎后2～3周后解除金属丝，当主干长到合适的高度时进行打头，促发侧枝，使其形成大枝，下部的大枝可留得长些，上部则要通过不断的掐心，使之多分杈，形成树冠。

制作附石式菊花盆景时可先找一块形态好的山石，在5月将瓦盆中的菊苗从盆中取出，把根系附栽在事先准备好的山石上，然后一起放在大的盆器或木箱中培养，等到秋季花蕾即将绽放时再把它们移植到大小、深浅适宜的紫砂盆或瓷盆中。

附木式菊花盆景应选择苍劲古朴的枯树桩，并在其后面凿出放菊花枝干的沟槽，6月将植株从瓦盆中扣出，把枝干放在枯树桩背面已凿好的沟槽中，用铁丝或绳子加以固定，勿使其移出沟槽，再栽入较大的盆器中养护，到秋季将它们移入紫砂盆。菊石图盆景除用小菊外，还可用其他花朵大小适宜、花型自然美观的菊花品种，宜选择长方形或椭圆形的紫砂盆，将菊花栽植一侧或两侧，但不要栽在花盆的中间，并配上合适的山石，其形式可模仿国画中的"菊石图"，花朵开放后注意调整花与花、花与叶之间的位置，做到错落有致、藏露得体。

无论哪种形式的菊花盆景都要既符合自然规律又有诗情画意，使自然美与艺术美有机地融为一体，以提高盆景的艺术品味。

此外，日本用小菊制作的微型、附石式、丛林式、连根式等造型的盆景也很有特色。

养护

菊花适合在肥沃疏松、含腐殖质丰富的土壤中生长，生长期给予充足的阳光和良好的通风，但移栽后要放在荫蔽处缓苗一周左右。平时浇水做到见干见湿，避免盆土积水，每10天左右施一次腐熟的稀薄液肥，秋季现蕾后向叶面喷施1~2次磷酸二氢钾溶液。养护中应随时抹去影响株型的枝、芽，摘除发黄的叶片。秋季即将开花时对植株进行一次整型，并根据设计要求在盆面铺上青苔，点缀石块，摆放配件，使之完美。

对于某些品种的菊花盆景入冬后还可移至10℃以下的冷室内，保持盆土湿润，并有适当的光照，使植株在休眠或半休眠状态下越冬。春季剪除干枯的枝条，只保留大的骨架，并进行翻盆，发芽后移至室外养护，加强水肥管理，注意造型，到了秋季开花时，树型美观，观赏价值也更高。

菊花是短日照植物，可通过控缩短光照时间等方法控制花期。

冲天香阵
王小军 作品

悠然见南山
王小军 作品

菊韵
于雅楠 提供

日本菊花盆景
张燊 提供

日本菊花盆景
张燊 提供

日本菊花盆景
张燊 提供

日本菊花盆景
张燊 提供

日本菊花盆景
张燊 提供

芙蓉菊

Crossostephium chinense

芙蓉菊茎干纵裂苍劲，叶色洁白高雅，在盆景植物中独树一帜，很有特色。

⑧ 芙蓉菊
第七届中国盆景展 作品

　　芙蓉菊又名蕲艾、雪艾、香艾、香菊、玉芙蓉、千年艾。为菊科芙蓉菊属多年生常绿半灌木，主茎直立，主枝细长，侧枝多而密，分枝斜向向上生长，新枝及叶片均被有细密的白毛，枝干浅黄褐色或灰白色，老干有纵裂；单叶互生，聚生于枝头，狭匙形或狭倒披针形，全缘或有时3～5裂，顶端钝，两面密被淡灰色短柔毛，质地厚实。头状花序盘状，生于枝端叶腋，排成有叶的总状花序，瘦果矩圆形，花果期全年。

造型

　　芙蓉菊的繁殖常用播种、压条、扦插等方法。其中扦插的方法最常用，一般在生长季节进行，插穗可用健壮充实的枝条，多年生的老枝、当年生的嫩枝都行，长短不限。

　　芙蓉菊盆景的造型可在4～10月的生长期进行，冬季由于枝干较弱，易折断，故不可造型。其造型有直干式、曲干式、斜干式、双干式、丛林式、临水式、悬崖式、水旱式等，树冠既可采用自然形，也可采用规整的圆片形；造型方法以蟠扎为主，修剪为辅，精扎粗剪，先用金属丝将主干、主枝、侧枝蟠扎出基本形态，再做适当修剪，使之成型。造型时可利用其伤口愈合快的特点，将影响造型的枝条从基部带皮一并撕下，一个月左右伤口愈合后，其处苍劲古朴，没有人为痕迹，达到"虽为人作，宛如天成"的艺术效果。

　　芙蓉菊的根部苍老多姿，制作盆景时可根据造型的需要将其提出土面，以增加盆景的苍古之感，提根应逐步进行，不可一次全部提出，以免毛细根裸露过多，影响植株生长，严重时甚至导致植株死亡。

养护

　　芙蓉菊喜温暖湿润和阳光充足的环境，稍耐半阴，不耐寒，也不耐阴，怕积水。成型的盆景生长季节可放在室外阳光充足处养护，即使盛夏也不必遮光，若光照不足，会使枝叶徒长，株形松散不紧凑，叶色由银白色变为浅绿色，这些都影响观赏；其根系发达，吸收能力强，生长期要求有足够的水肥供应，可每10天左右施一次腐熟的稀薄饼肥水或其他腐熟的有机液肥，平时浇水不干不浇，浇则浇透，切不可浇半截水和盆土积水，空气干燥时注意向植株喷水，以增加空气湿度，避免叶片枯焦，雨季要及时排水防涝，否则会因盆土积水导致根部生病腐烂。冬季移置室内向阳处，节制浇水，停止施肥，维持5～10℃的室温。每年1～2年翻盆一次，一般在春季进行，盆土要求含腐殖质丰富、疏松肥沃、具有良好的排水性。

每年春季进行一次修剪整型，将过长的枝条剪短，剪掉病虫枝、枯死枝、交叉重叠枝、冬季的徒长枝以及其他影响树型的枝条，这样既能保持盆景树型的优美，使枝干顿挫有力，富有刚性，并能防止因枝干衰老引起的退枝。芙蓉菊的萌发力强，生长期应及时摘除枝干上多余的萌芽，并注意打头摘心，以控制树型，促发新枝，使树冠丰满紧凑。芙蓉菊是以观叶为主的盆景树种，其黄绿色的花朵观赏价值并不高，而且还有一种怪怪的气味，因此当花蕾出现时应及时摘去，以免消耗过多的养分，使植株衰老。

傲雪
张自有 作品

雪艾盆景
王小军 作品

⊡ 傲雪屹立
贺冬岭 作品

⊡ 阳春白雪
姚乃恭 作品

⊡ 芙蓉菊盆景
第七届中国盆景展 作品

⊡ 芙蓉菊盆景
第七届中国盆景展作品

⊡ 沁园春·雪
靳运桥 作品

◎ **实例（王小军 制作）**

1.选择椭圆形白色石质浅盆，并在其一侧摆放石块，使之中央形成"凹"状，然后用水泥将石块粘在石盆上；

2.在凹处填上培养土，用来栽种植物；

3.选择形态合适的芙蓉菊备用；

4、5.将芙蓉菊、榔榆植入盆中，种植前可对根系、部分枝叶进行修剪，使之疏密得当，主次分明，有着较好的观赏性；

6.在土层上铺上青苔，点石，栽种小草，做出自然起伏的地貌形态。制作完工后放在光线明亮处养护，注意保持土壤湿润，经常向植株喷水，以增加空气湿度，以利于植物恢复生长。

7.经过一段时间的养护，新的枝叶萌发，树形变得丰满，在其左侧放置一小船，以点明《归舟》的主题。

钻叶紫菀

Aster subulatus

钻叶紫菀材料易得，用其制作盆景自然而富有野趣。

钻叶紫菀盆景
兑宝峰 作品

钻叶紫菀也称瑞连草、九龙箭、土柴胡。为菊科紫菀属一年生草本植物。植株直立生长，茎基部及下部略呈红褐色，上部有分枝，叶披针形，全缘，形似竹叶。头状花序顶生，排成圆锥花序，小花淡红色，9～11月开放。

造型

钻叶紫菀习性强健，在不少地区沦为杂草。除播种繁殖外，还可掘取野生植株制作盆景。

钻叶紫菀茎干挺拔高耸，最为适合制作丛林式盆景，造型时宜3～5株植于浅盆中，做成丛林式造型，栽种时注意疏密得当，前后错落，并在合适的高度短截，下部的分枝也要剪除，以使得枝干挺拔俊逸。当然，铺青苔、点石、安放配件等步骤也是必不可少的。

养护

钻叶紫菀喜温暖湿润和阳光充足的环境，在半阴处都能生长，但不耐旱。平时将花盆放在水盘内养护，以保持土壤和空气湿润，作为盆景的钻叶紫菀不需要长得太快，可不必施肥。因其生长迅速，可随时掐去过长的茎枝，以促进侧枝的萌发，等侧枝长到一定的长度再打头，如此反复进行，即可形成顿挫刚健、层次分明的丛林景观，此外，其叶片也明显变小，更能突出小中见大、清秀典雅的特色。

钻叶紫菀为一年生植物，入冬后随着气候的变冷，会逐渐干枯，可将其丢弃。

辣椒
Capsicum annuum

辣椒不仅是很好的调味品和蔬菜，也是重要的观赏植物，用其制作盆景，新颖别致，令人耳目一新。

🔶 辣椒盆景
于海洋 作品

🔶 辣椒盆景
玉山 摄影

辣椒为茄科辣椒属多年生草本植物，常作一二年生植物栽培。其茎粗壮，叶互生，卵形或卵状披针形，花生于叶腋，花冠白色。果实单生或簇生，形状依品种的不同有圆球状、圆锥状或指状等，成熟前由绿变白色或紫色，成熟后为鲜红色或橙色、紫褐色、黄色，其表面富有光泽，酷似蜡制工艺品。用于制作盆景的辣椒要求植株不大、果实小巧的品种，如樱桃辣椒、佛手辣椒、朝天椒等。

造型

辣椒的繁殖可在春季播种。其茎秆韧性好，不易折断，可通过修剪蟠扎相结合的方法，制作各种不同造型的盆景，若是蟠扎应作控水处理，使其茎干柔韧，避免折断。常用的造型有斜干式、曲干式、悬崖式等，树冠则采用自然式。

养护

辣椒喜温暖湿润和阳光充足的环境，在肥沃、疏松、湿润的土壤中生长良好，盆土可用园土、腐叶土、沙土混合配制，并掺入少量腐熟的饼肥作基肥。生长期放在光照充足处养护，平时保持盆土湿润而不积水，雨季注意排水防涝，花期适当减少浇水，防止因水大造成落花，以有助于授粉坐果，但土壤不宜过湿，以免因水大造成落花。每7～10天施一次腐熟的稀薄液肥或复合肥，苗期以氮肥为主，以促使枝叶的生长；坐果后应多施磷钾肥，以提供充足的营养，使果实生长发育，直到果实透色为止。在生长期要注意整枝、抹芽，及时去除影响株型美观的枝条。当成熟的果实表皮发皱时，注意采收，这样才能连续开花、结果。冬季移置10℃左右的室内，经常向植株喷水，以防因空气干燥引起果实皱缩，观赏期可延长至12月。而且翌年春天还会再度发芽展叶，其骨架优美，可再次造型，制作盆景。

针叶天蓝绣球

Phlox subulata

针叶天蓝绣球植株低矮，开花繁多，有着「开花机器」的美誉。用其制作盆景颇有着春天大自然中野花盛开的意趣。

野趣
兑宝峰 作品

针叶天蓝绣球也称丛生福禄考、针叶福禄考。为花葱科天蓝绣球属多年生草本植物，植株低矮，匍匐生长，多分枝，老茎半木质化，叶针状，簇生，革质。花高脚碟状，花瓣4枚，有白色、紫红色、粉红色等颜色，花期以春季为主，除冬季外，其他季节也有零星的花朵开放。

造型

针叶天蓝绣球的繁殖可在春季进行分株或扦插、播种等方法，都很容易成活。

针叶天蓝绣球植株密集，开花繁多，但作为盆景则应以疏朗简约为美，可在春季选择适宜的植株移入盆中，作"丛林式"造型，上盆时注意高与矮、疏与密的对比，切不可密不透风，同时也不要将所有的植株栽在同一条线上，应使其前后错落，具有一定的层次感。栽后在盆面点石、铺青苔，并点缀其他小草，营造出自然起伏的地貌景观，以表现春天遍地花开的野趣。

养护

针叶天蓝绣球习性强健，适应性强，耐寒冷，也耐高温，耐贫瘠和干旱，对土壤要求不严，盆栽以疏松肥沃的土壤为佳。平时保持土壤湿润，但不要积水，花期前后，可喷施磷酸二氢钾溶液，以补充养分，有利于开花。花后及时剪除残花，平时也要剪去影响美观的杂乱枝蔓，以保持作品的美观。

冬天，针叶天蓝绣球的叶子会变成灰绿色，不是很美观，可将其从盆中掘出，栽种在室外的花圃或大盆中，等翌年春天再选合适的植株重新制作。

何首乌

Fallopia multiflora

何首乌的块根肥厚古朴，似赏石，藤蔓发达，自然飘逸。此外，其块根入药，有安身、活络、养血之功效。

野趣
玉山 摄影

何首乌又名多花藤、紫乌藤、九真藤。为蓼科何首乌属多年生缠绕藤本植物，在气候寒冷的北方地区冬季落叶，而在气候温暖的南方则表现为四季常绿。植株具黑褐色的块根，形状以椭圆形为主，也有其他形状，藤蔓长 2～4 米，多分枝，下部木质化；叶长卵形或卵形，先端尖，两面粗糙，全缘，绿色或有白色脉纹。圆锥花序，小花白色，夏季开放。

需要指出的是，在一些农贸市场或网上，不时会有"千年人形何首乌"出售，其外观酷似人体形状，而且男、女两性特征十分显著。其实这种所谓的人形何首乌有很多并不是真正的何首乌，而是用芭蕉根、棕榈心雕刻而成的，也有一些是将芭蕉根或其他生长速度较快的块根类植物放在人形模子内，等长成人形后掘出，再将真何首乌的藤茎插入其顶端冒充何首乌。这些假冒品与真正的何首乌很好区别，其一何首乌的外皮呈黑褐色，没有或很少有须根；而假何首乌的表皮呈黄褐色或灰褐色，密布须根，看上去较为粗糙。其二真正的人形何首乌是何首乌块根在遇到石头或其他硬物后，因生长受阻，表面凹凸不平，其中有些略似人形，并不像假何首乌那样酷似人形，毫发毕现，看上去犹如雕塑而成。

造型

何首乌盆景的素材来源主要是形状大小不一的块根，扦插、播种、分株虽然都可以繁殖，但成型时间太长。为了加快盆景的成型速度，常用那些生长多年、块根形态古雅奇特的老株制作盆景。

何首乌通常在冬春季节移栽，上盆时将过长的藤蔓剪短，适当保留木质化部分，一定要带上一段结节，否则很难发芽，并有利于以后的造型。栽种时注意块根角度的选择，或直或斜，可反复试种，以达到最佳观赏效果，并大部分块根埋入土壤中，只将部分木质化藤茎露出土面，以保证成活。等活稳后再逐渐去除表面的土壤，进行提根，将硕大的块根露出土表。栽后浇透水，放在背风向阳处养护，以后保持土壤湿润而不积水，发芽后可任其生长，以通过叶片的光合作用，制造更多的养分，以利于长势的恢复，当植株活稳后，再通过修剪等技法进行盆景造型。

何首乌为藤本植物，虽然具有硕大的块根，但藤蔓细弱，几乎形不成明显的主干，因此造型时可考虑采取以块根替代主干的方法；也可利用块根肥大、形似顽石的特点，将其视为"观赏石"进行造型，既可单株栽种，也可数组合。藤蔓部分则可根据造型的需要进行取舍，展叶后注意修剪，使之层次分明，婆娑自然，以免藤蔓过长，到处攀爬，显得凌乱不堪。

此外，也可在花盆内搭设微型"棚架"或"篱笆"，将藤蔓整理后攀爬其上，形成古朴悠远的农家小院景观，使盆景具有田园诗般的意境。《把酒话桑麻》就是一件这样的作品，其制作过程如下：

将一个形态自然古雅，形似奇石的何首乌块根种植长方形花盆的一角，用筷子做成棚架、篱笆，将何首乌的藤蔓引上棚架，再引向篱笆，经过修剪、整形、控水等措施，其藤蔓紧凑，叶片小而厚实，使得盆景比例得当。再在花盆表面错落有致地种上一些小草，做成自然地貌，最后在合适的位置摆上两个身着古代汉服、做饮酒状的老者，使盆景更加生动，富有田园之趣。颇有唐代山水田园诗人孟浩然的《过故人庄》："故人具鸡黍，邀我至田家。绿树村边合，青山郭外斜。开轩面场圃，把酒话桑麻。待到重阳日，还来就菊花。"之意境。

养护

何首乌喜温暖湿润的环境，耐寒冷和瘠薄，对土壤要求不严，但在疏松透气、排水良好的砂质土壤中生长更好。对光照条件要求不严，在荫蔽之处生长的植株虽然藤蔓茂盛，但叶片大而质薄，对观赏不利，因此生长期可放在室外阳光充足、空气流通之处养护，以使其叶片小而厚实，具有较高的观赏性。浇水掌握"不干不浇，浇则浇透"的原则，避免盆土积水，以防块根腐烂。因其耐瘠薄，而且作为盆景，也不需要其生长太快，因此不必另外施肥。何首乌的萌发力强，藤蔓生长迅速，生长期应随时进行整修，剪去影响观赏的藤蔓和叶片，以保持其疏朗俊逸的造型。何首乌有一定的耐寒性，冬天可放在冷室内或室外避风向阳处养护，适当浇水，避免干冻。

对于成型的何首乌盆景，可每1～2年的春天翻盆一次，翻盆时剪去过长的枝蔓，只保留其基本骨架，并剪去腐朽的烂根，以促使新根的萌发，盆土可以园土、沙土、炉渣等混合配制。

把酒话桑麻
刘敬宏 作品

绿荫婆娑
李宗耀 作品

掌中宝
贾文俊 作品

何首乌
贾文俊 作品

掌上乾坤
贾文俊 作品

何首乌盆景
杨海燕 作品

何首乌盆景
玉山 摄影

地不容

Stephania epigaea

地不容块根古朴多姿，叶色翠绿，果实红艳，可赏根，可观叶，可赏果，是很好的盆景素材。

地不容盆景
王俊升 作品

地不容盆景
王俊升 作品

地不容也称金不换、山乌龟。为防己科千金藤属藤本植物，植株具硕大的肉质块根，形状以不规则的圆形为主，也有其他形状，表皮灰褐色，稍粗糙。藤茎由块根顶部的芽眼长出，长达数米，攀缘或缠绕生长，茎绿色或紫红色，下部稍木质化，叶互生，有长柄，叶纸质，宽卵形或卵形，先端钝圆，基部略平，全缘，叶绿色，背面粉白色。

同属植物约有50种，产于我国的有32种左右，常见的有小叶地不容、黄叶地不容、海南地不容、广西地不容、云南地不容、金线吊乌龟、千金藤等，此外，还有从泰国引进的泰可素山乌龟，其茎直立，不攀缘爬藤。

造型

地不容的繁殖多采用播种的方法，但实生苗生长缓慢。可购买成株制作盆景，挑选时注意选择那些块根大小适中、形态奇特的植株，以突出自然韵味。

地不容的主要观赏点是其硕大的块根，似奇石而又有生命，上盆时一定要将块根露出土面，并注意对藤蔓的处理，最好能搭架子供其攀爬，并在盆面铺上一层砾石或其他颗粒材料，使之干净整洁。

养护

地不容习性强健，管理粗放，喜温暖湿润的环境和充足而柔和的阳光，耐阴，耐旱，也耐涝，但怕烈日暴晒。生长期可放在光线明亮又无阳光直射处养护。平时保持盆土湿润，偶尔浇水过多和忘记浇水都不会对植株生长造成太大的影响，但要避免盆土长期积水和干旱。夏季高温季节，空气较为干燥，应经常向植株及周围环境喷水，以增加空气湿度，避免叶片边缘干焦。地不容喜肥，生长期可每20天左右施一次腐熟的稀薄液肥或复合肥，以促使枝叶繁茂。

乌头叶蛇葡萄

Ampelopsis aconitifolia

盆景自然而富有野趣。

乌头叶蛇葡萄根部古雅多姿，用其制作

野趣
王小军 作品

乌头叶蛇葡萄也叫草葡萄、草白蔹、狗葡萄、过山龙。为葡萄科蛇葡萄属多年生藤本植物，小枝有纵棱，被疏柔毛，卷须2～3叉分枝；掌状5小叶，小叶3～5羽裂或呈粗锯齿状，披针形或菱状披针形，先端渐尖。聚伞花序与叶对生，小花黄绿色，浆果球形，成熟后橙黄或橙红色，花期4～6月，果实7～10月成熟。变种有掌裂草葡萄等。

造型

乌头叶蛇葡萄在我国有着广泛的分布，可在春季或其他季节到野外掘取。挖掘时剪除过长的藤蔓，以方便携带运输。上盆时注意提根，使其悬根露爪。平时注意修剪，及时剪除影响美观的枝叶，使其层次分明，自然飘逸。

养护

乌头叶蛇葡萄习性强健，喜温暖湿润环境，在阳光充足处、半阴处都能正常生长，耐寒冷，也耐干旱，对土壤要求不严，但在疏松肥沃、排水良好的砂质土壤生长更好。日常养护比较简单，平时注意浇水，以保持土壤湿润，但偶尔忘记浇水，对植物的生长影响也不是太大。对于生长旺盛的植株可每月施1次腐熟的稀薄液肥，以促进生长，使叶色翠绿，充满生机。由于乌头叶蛇葡萄为藤本植物，生长较快，注意打头、摘心、修剪整型，以保持株型的美观。冬季放在冷凉的地方，偶尔浇点水就能正常越冬，到来年春季就会有新的枝叶长出，再度营造出绿意盎然的景象。

爬山虎

Parthenocissus tricuspidata

爬山虎春天新叶翠绿可爱，到秋季则转为红色，自然飘逸，富有趣味。

秋韵
卫正军 作品

飘王
王小军 作品

爬山虎，中文正名地锦，别名爬墙虎、飞天蜈蚣、假葡萄藤、捆石龙。为葡萄科地锦属落叶藤本植物，植株多分枝，有短的卷须，枝端有吸盘，叶单生，呈倒卵形，通常生在短枝上的叶为3裂，而生长在长枝上的叶小而不裂，叶缘有粗锯齿，新芽和新叶在阳光充足的条件下呈红色，以后逐渐转为绿色，到了秋季则全部变红。花序生于短枝上，基部有分枝，形成多歧聚伞花序；果实球形。

地锦属植物约有13个种，用于制作盆景的除地锦外，还有三叶地锦（*Parthenocissus semicordata*）、五叶地锦（*P.quinquefolia*）、异叶地锦（*P. dalzielii*）、粉叶地锦、花叶爬山虎（*P.enryana*）以及从日本引进的'龙神莺爬山虎'等，这些被盆景爱好者统称为"爬山虎"或"爬墙虎"，这就是广义上的爬山虎。

造型

爬山虎可用扦插、播种、压条等方法繁殖。该植物有着较强的自播能力，种子成熟落地后，会自己发芽，其根茎肥硕可爱，可选择枝条布局合理的植株，移栽上盆后，适当修剪整型，就是一件很好的微型盆景。

与大多数藤本植物一样，爬山虎虽然枝蔓生长较快，但增粗缓慢，因此，在修整插穗或老株时，造型所需要的粗枝以及粗根一定要予以保留，必要时还可将粗大的根部提出土面，代替主干，制作以根代干式盆景。其他造型还有临水式、悬崖式、斜干式、露根式、附石式等。因其叶片较大，树冠宜修剪成错落有致、疏密得当的自然型，而不宜做成严谨规整的云片状。爬山虎为藤本植物，造型时可考虑保留1~2根藤子，既有树种特色，又增加了作品的飘逸感。还可利用其枝条柔软、攀附能力强的特点，将其附在形态古雅的老树桩、山石上，也很有特色。

养护

爬山虎喜温暖湿润和阳光充足的环境，也耐阴。平时可放在室外阳光充足处养护，这样可使叶片小而厚实，虽然在阳光不足处也能存活，但叶子会变得大而薄，很不美观。因其蒸发量大，应注意浇水和向植株喷水，以避免干燥，以保持叶色的清新润泽。由于爬山虎本身就耐瘠薄，而且作为盆景不需要生长太快，以维持形态的优美，因此栽培中不需要施太多的肥。冬季落叶后移入冷室内越冬，盆土不结冰可安全越冬。

每年春天发芽前进行一次修剪整型，剪去徒长枝、交叉重叠枝、病虫枝以及其它影响树型的枝条，将过长的剪短，只保留基本骨架，等新叶长出后，鲜嫩可爱，枝条飘逸下垂，非常有特色。爬山虎的生长速度较快，萌发力强，生长期及时抹去多余的芽和影响树型的枝条，以保持盆景造型的完美。爬山虎的新芽及新叶红艳动人，可在生长期摘掉老叶，促使萌发新叶，以增加观赏性。

爬山虎的叶片较大，在微型盆景中起着重要的作用，整型时应注意取舍，剪掉多余的叶子，使之疏朗而层次分明。此外，还可在保持植物健康的前提下，通过加强光照（包括强度和时间）、控制浇水等方法使叶片变小。

每2～3年的春天翻盆一次，盆土要求疏松透气、含腐殖质丰富，可用园土、腐殖土、沙土等混合配制。

爬山虎盆景
戴月 作品

绿荫婆娑
兑宝峰 作品

爬山虎盆景
李伟 作品

爬山虎盆景
王小军 作品

◎ **实例（兑宝峰 制作）**

爬山虎有着很强的自播能力，种子落地后就会有小苗萌发。可掘取形态佳的2~3年生苗子，剪去过长的枝蔓，上盆，制作微型盆景。

1. 修剪后上盆的地锦苗，上盆时注意角度的选取，或斜或直，因其茎纤细，可将相对肥硕的根部提出土面，作为树干部分；

2. 剪去多余的枝桠，并用铜丝蟠扎造型，调整枝的走向和角度；

3. 展叶后，将左侧的枝条稍作弯曲造型，使树势走向一致；

4. 展叶后虽自然飘逸，但有些头重脚轻，而且树身与盆的高度几乎相等，略显呆板；

5. 于是，换了一个矮而口阔的圆形盆，上盆时调整了角度，原来向右延伸的飘枝成为下垂枝，很不自然；

6. 用细铜丝蟠扎，调整下垂枝的角度，使之上扬，并在盆面点缀一赏石，以起到平衡树势的作用，如此处理后效果就好多了；将其放在大小适宜的底座上，并在树下放一竹筏摆件，右侧再点缀一赏石；

7. 后来又将其移到椭圆形盆中，又是一番景色。

多肉
类盆景

DUOROU LEI PENJING

多肉植物种类繁多，形态奇特而富有趣味，盆景形式丰富多彩，除了表现大自然的或秀美或壮丽或苍茫或意趣的景色外，因其有不少种类形态奇特，色彩斑斓，与常见的植物类型迥然不同，还可用来表现热带沙漠景观的异域风情以及梦想中的美景、童话世界、科幻王国等。

酥皮鸭

Echeveria supia

新雅致，富有特色。

酥皮鸭株型、叶色都很美，制作盆景清

⊞ 酥皮鸭盆景
兑宝峰 作品

酥皮鸭为景天科拟石莲属（也称石莲花属）多肉植物，植株呈多分枝的灌木状，莲座状叶盘生于枝头，肉质叶卵形，叶缘及顶尖呈红色，在阳光充足、昼夜温差大的环境中尤为明显，甚至整个叶子都呈红色。

在拟石莲属中，类似酥皮鸭这样植株呈多分枝的灌木，叶盘为莲座状的种类还有蜡牡丹（*Echeveria* 'Rolly'）、红化妆（*E.* 'Victor'）、红稚莲（*E.* 'Minibelle'）、久米之舞（*E. spectabilis*）以及紫心等，也都可以用来制作盆景。其造型与养护与酥皮鸭基本相似，可参考进行。

造型

酥皮鸭的繁殖可在生长季节剪取健壮的枝条扦插，叶插虽然也能成功，但生长相对缓慢。此外，也可直接购买成株制作盆景。

酥皮鸭的株型紧凑，叶色美观，可利用其植株多分枝、形似小树的特点，制作丛林式、悬崖式、临水式等造型的盆景，甚至与蜡牡丹等形态近似的多肉植物合栽，以增加表现力。因其枝干较脆，易折断，造型时可通过修剪、改变种植角度等方法使之达到所要求的效果，而不可用蟠扎等木本植物盆景常用技法。

养护

酥皮鸭喜凉爽干燥和阳光充足的环境，需要较大的昼夜温差，在此种环境中，无论是蜡牡丹还是酥皮鸭、红化妆、久米之舞、红稚莲，叶色都比半阴处靓丽，因此平时要尽可能给予充足的光照，以保持叶色的美观。酥皮鸭的萌发力很强，应注意剪掉多余的侧枝，剔除过密的枝条，使作品疏密得当，错落有致。平时浇水掌握"不干不浇，浇则浇透"，避免积水，以防烂根。

夏季高温时酥皮鸭植株生长缓慢，甚至完全停止，应控制浇水，甚至可以完全断水，并注意通风良好，避免闷热潮湿的环境。等秋凉后植株

开始生长，再恢复正常的浇水管理。冬季放在室
内阳光充足之处，在保持盆土干燥的前提下，能
耐5℃，甚至短期的0℃低温。

翻盆一般在秋天或生长期进行，盆土要求疏
松透气、排水良好，并有一定的颗粒度。

🔒 红化妆盆景
兑宝峰 作品

🔒 酥皮鸭盆景
兑宝峰 作品

🔒 红化妆盆景
兑宝峰 作品

🔒 蜡牡丹盆景
兑宝峰 作品

🔒 久米之舞盆景
兑宝峰 作品

紫心
尚建贞 作品

久米之舞盆景
兑宝峰 作品

酥皮鸭盆景
兑宝峰 作品

临风
尚建贞 作品

锦晃星

Echeveria pulvinata

锦晃星毛茸茸的肉质叶肥厚可爱，色泽清新，是一种很有特色的盆景植物。

❀ 锦晃星盆景
玉山 摄影

锦晃星也称绒毛掌、芙蓉掌。为景天科拟石莲属多肉植物，植株呈多分枝的小灌木状；肉质叶倒披针形，呈莲座状互生于分枝顶部，绿色，表面密布有细短的白色毫毛，在昼夜温差较大、阳光充足的环境中，叶缘及叶的上半部均呈美丽的深红色。近似种有红炎辉等，亦可用于制作盆景。

造型

锦晃星的繁殖可在生长季节剪取带顶梢的健壮枝条进行扦插。其分枝较多，上盆后剪掉多余的枝条，使得树形疏朗通透，即成为优美的盆景。

养护

锦晃星的习性与酥皮鸭的习性近似。其日常养护管理可按酥皮鸭的养护方法进行。

❀ 锦晃星盆景
玉山 摄影

星公主

Crassula remota

星公主树形秀美多姿，叶子肥厚鲜亮，繁殖容易，是很好的盆景素材。

妖娆

尚建贞 作品

星公主也称白星、博星。为景天科青锁龙属多肉植物，植株呈多分枝的灌木状；肉质叶两两交互对生，呈十字星状排列，叶质肥厚，卵状三角形，背面有龙骨状凸起，叶色灰绿，叶缘绿色，有点通透感。球状花序，小花白色，具粉红色花心。

造型

星公主的繁殖可在生长季节剪取健壮充实的枝条进行扦插。

星公主的老桩虬曲多姿，可用于模仿大自然中的老树。而丛生株多作丛林式造型，其清秀典雅，颇有竹子的神韵。由于该植物茎枝细而脆，很容易斩断，不宜蟠扎造型，可用修剪、改变种植角度、利用植物的趋光性等方法进行造型。

养护

星公主喜凉爽、干燥和阳光充足的环境。生长期可放在光照相对充足的环境，这样可避免植株徒长，使得茎节缩短，形成紧凑的株型。浇水掌握"不干不浇，浇则浇透"的原则，养护中一般不必另外施肥。夏季高温季节植株生长缓慢，但不完全停滞，可放在通风处养护，避免长期雨淋。冬季控制浇水，能耐0℃的低温。

星公主生长较为迅速，应注意修剪整型（剪下的枝条可供扦插繁殖），以保持造型的美观。每1~2年翻盆一次，可在生长季节随时进行。盆土要求疏松透气、排水性良好。

韵

兑宝峰 作品

曲韵流觞
尚建贞 作品

花月

Crassula obliqua

花月的肉质茎古雅，叶大而肥厚，色彩富于变化，用其制作盆景给人以生机益然的感觉。

花月俗称玻璃翠，为景天科青锁龙属多肉植物，植株呈灌木状，多分枝，肉质茎粗壮，表皮灰白色或浅褐色。肉质叶肥厚，匙形至倒卵形，叶色深绿，有光泽，叶缘呈红色（在阳光充足、昼夜温差较大的环境中尤其明显）。

花月的变种和近似种有：叶片较小，在阳光充足的环境中呈红褐色的'姬花月'；叶色黄中透绿的'黄金花月'；绿色叶面上有白黄红三种颜色的'三色花月锦'；叶色黄绿相间的'新花月锦''落日之雁'以及燕子掌、玉树、宇宙木、蓝鸟、知更鸟等。

造型

花月的繁殖可在生长季节进行扦插，枝插、叶插都可以，插前应晾几天，等伤口干燥后再进行，很容易成活。

花月盆景的造型可根据品种特性和树桩形态，制作丛林式、直干式、斜干式、临水式、悬崖式、文人树等多种形式的盆景。因其叶片大而肥厚，其树冠不必加工成馒头形、云片式等常见的造型，可利用其自然属性，加工得错落有致，疏密得当，最大限度地保留植物自身的特点。由于其枝条较脆，很容易折断，造型方法应以修剪为主，蟠扎、牵拉为辅，使之和谐自然，操作时应让植株干旱几天，使得枝条较为柔软时再进行，以免折断。

养护

花月喜温暖干燥和阳光充足的环境，耐干旱，耐贫瘠，不耐寒，怕积水。3月底至11月初可放在室外阳光充足、通风良好的地方养护，即便是盛夏高温季节也不必遮光，这样有充足的阳光，较大的昼夜温差，可以使其叶色靓丽美观，具有较高的观赏性。生长期保持土壤湿润，不要积水，以免造成根、茎腐烂。施肥与否要求不严，如果施肥可在春秋季节的生长旺季，施一次腐熟的稀薄液肥，以满足生长的需要。冬季置于光照充足之处，控制浇水，使植株休眠，不低于5℃可安全越冬。

花月盆景的整型多在生长季节进行，剪除影响树型的枝条和新芽。需要指出的是，花月的叶子较大，在整个盆景中起着非常重要的作用，整型时应注意取舍，以保持盆景的美观。剪下来的

枝条和叶子都可以作扦插繁殖的材料。翻盆可在春季或秋季进行，土壤要求疏松透气、具有良好的排水性，可用炉渣、园土、蛭石或沙子、腐叶土或草炭土等材料的混合土。采用"湿土干栽"的方法上盆，即用潮湿的土壤栽种，栽后不要立即浇水，等过2～3天后浇一次水，以后保持土壤湿润，避免积水，以利于根系的恢复。

禅 尚建贞 作品

岁月 兑宝峰 作品

花月盆景 尚建贞 作品

斑斓 尚建贞 作品

玉翠 尚建贞 作品

玉树盆景 尚建贞 作品

◎ 实例（兑宝峰 制作）

1. 扦插成活的落日之雁；

2. 过数年的生长，当初的小苗已经长大；

3. 剪后为了加快生长速度，移至较大的瓦盆内；

4. 植株已经基本成型，将其移到圆形紫砂盆内，并在盆面栽种习性与落日之雁近似的薄雪万年草；

5. 随着植株的生长，圆盆也有些小了，于是，就换了一个稍大的长方形盆器；

6. 修剪下的枝条和叶片都可供扦插繁殖。

筒叶花月

Crassula obliqua 'Gollum'

筒叶花月叶形奇特，翠绿光亮，与灰白色的肉质茎相得益彰，给人以生机盎然的感觉。

春意
兑宝峰 作品

春意盎然
尚建贞 作品

筒叶花月别名马蹄角、吸财树，是花月的变种。为景天科青锁龙属多肉植物，植株呈多分枝的灌木状，肉质茎灰白或浅褐色；肉质叶互生，在茎或分枝顶端密集成簇生长，肉质叶筒形，顶端斜截形，绿色，有蜡质光泽，在阳光充足和昼夜温差较大的环境中，叶缘呈红色，乃至整个截面都呈红色，而叶色为橙黄色。

筒叶花月有"咕噜型""铲叶型""手指型"等3种类型，此外还有缀化、斑锦等变异品种。

造型

筒叶花月的繁殖以扦插为主，在适宜的环境中全年都可进行，以春秋季节的生长期成活率为最高，叶插、茎插均可，插前应晾几天，等伤口干燥后再进行，以避免腐烂。

筒叶花月盆景造型有斜干式、直干式、丛林式等，因其茎枝较脆，容易折断，造型方法以修剪为主，对不到位的枝条可用金属丝牵引。

养护

习性与花月基本相似，可参考进行。

晚笛
尚建贞 作品

筒叶菊

Crassula tetragona

多种造型的盆景。

筒叶菊繁殖容易，养护简单，适合制作

🔟 筒叶菊盆景
张国军 作品

筒叶菊也称桃源乡，为景天科青锁龙属多肉植物，植株多分枝，易丛生，老枝灰色，肉质叶筒状，顶端尖，绿色。

造型

筒叶菊可用扦插的方法繁殖，如果温度适宜，全年都可进行。

筒叶菊适合制作丛林式、水旱式、直干式、双干式、文人树、悬崖式、临水式等多种造型的盆景，因其是肉质茎，质脆，容易折断，造型方法以修剪为主，剪去影响树型的枝条，将过长的枝条剪短，再根据造型需要辅以牵拉等技法。并注意盆景的摆放位置，可将主要观赏面放在朝着阳光的位置，以利用植物趋光性对树型进行微调，使之郁郁葱葱，具有较高的观赏性。

丛林式是筒叶菊盆景的主要造型，挑选植物时不要选择高度相同的植株，其数量以三、五、七等单数为宜。栽种时不要将植物栽种在同一条线上，应使之前后错落、左右呼应，高低有致。完工后可在盆面点石，栽种习性与其近似的薄雪万年草等细小的植物，使盆面地貌形态自然和谐，富有野趣。

养护

筒叶菊习性强健，喜温暖干燥和阳光充足的环境，耐干旱和半阴，怕积水，不耐阴。4～10月的生长期，可放在通风良好、光照充足处养护，即使是盛夏，也不要遮光，否则会因缺光，造成植株徒长，使得株型松散，影响美观。浇水掌握"不干不浇，浇则浇透"的原则，长期干旱和盆土积水都不利于植株的生长；每月施一次薄肥，以提供必要的养分，使得植株生机盎然。筒叶菊的萌发力较强，生长速度快，可随时剪去影响造型的枝条（剪下的枝条可供扦插繁殖）。冬季移入室内阳光充足之处，最低温度能保持8～10℃，并有一定的昼夜温差，植株可继续生长，应正常浇水；如果控制浇水，使植株休眠，也能耐0℃左右的低温。

筒叶菊盆景的翻盆可在生长季节进行，以春秋天最为适宜。盆土要求疏松透气、排水良好，并有一定的肥力，可用草炭、腐叶土加园土、蛭石或粗砂等材料混合配制。栽后浇透水，可不必缓苗，直接放在阳光充足之处养护，较大的蒸腾作用能够刺激新根的萌发，使植株尽快恢复生机。

筒叶菊盆景
尚建贞 作品

筒叶菊盆景
张国军 作品

筒叶菊盆景
尚建贞 作品

筒叶菊盆景
玉山 摄影

筒叶菊盆景
尚建贞 作品

筒叶菊盆景
张国军 作品

薄雪万年草

Sedum hispanicum

薄雪万年草叶色亮绿，覆盖性良好，耐干旱，用小盆种植清新典雅。此外，还可利用其覆盖性良好的特点，用于树桩盆景的盆面的美化。

薄雪万年草盆景
尚建贞 作品

薄雪万年草也叫薄雪万年青。为景天科景天属多肉植物，纤细的肉质茎匍匐生长，接触土壤即可生不定根，叶棒状，密集生长于茎的顶端，叶绿色或蓝绿色，表面有白粉，下部的叶易脱落，在阳光充足、冷凉，而且昼夜温差较大的环境中，植株呈美丽的粉红色。小花白色，夏季开放。

造型

薄雪万年草可用分株、扦插等方法繁殖，全年都可进行。

薄雪万年草清秀典雅，富有野趣，可用小盆栽种，作为盆景布展的点缀植物；因其耐旱性好，能够在土壤较少的地方生长，可种植在山石上，其层次丰富，或如远观的微缩版针叶林，或像一道道绿色溪流跌宕于山壑之间，展示着不同的风采，给人以生机盎然的感觉。此外，因其植株低矮，覆盖性良好，还可作为树桩盆景或其他盆景的盆面美化植物，植于盆土表面。

养护

薄雪万年草在欧洲及中亚地区都有着广泛的分布，喜干燥和阳光充足的环境，耐干旱，怕积水，有一定的耐寒性。生长期可放在室外阳光充足之处养护，即使盛夏高温季节也不要遮光，以使得株型紧凑美观。在半阴处虽然也能生长，但株型松散，影响观赏性，而光照不足则会造成植株徒长，使得叶与叶之间的距离拉长，看上去稀松难看，而且植株长势孱弱，很容易引起黑腐病等病症，使得整盆植株腐烂，全军覆没。

种植在山石上的薄雪万年草

🔒 锦绣山河
唐波 作品

🔒 薄雪万年草盆景
王建峰 作品

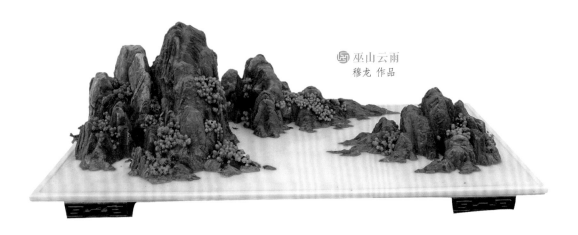

🔒 巫山云雨
穆龙 作品

🔒 不墨丹青绘渝江
王志强 作品

◎ **实例（兑宝峰 制作）**

选取纹路、皴裂像山石褶皱，并有一定厚度的树皮，将其分割成大小不一的块，然后在表面铺上葫芦藓，栽种薄雪万年草（该植物扦插非常容易成活，可掐取长短合适的茎段直接插于树皮的缝隙之中，即可生根成活）等微小植物，栽种时注意疏与密的对比，使之犹如山石上生长的树木，自然而富有野趣。还可将两块，甚至数块树皮摆起来使用，使其高低错落，有较强的层次感。然后摆放在白色浅盆中，做成山水景观，并在合适的位置摆放竹筏、舟船等饰件，使作品更加生动。需要指出是，由于这些树皮块不是固定在浅盆中，可随意改变位置，更改造型。

1.在树皮上栽种葫芦藓和薄雪万年草，为了便于操作，可将树皮喷湿；

2.将其摆在白色瓷板上，以便找出不足之处，"山上"上的植物有些平淡，缺乏层次感；

3.于是，就在"石"上栽种稍高一些的葫芦藓，并将盆器换成椭圆形汉白玉盆，在中央的"水面"放上竹筏，但竹筏有些大，使作品有些小气；

4.将竹筏换成两艘帆船，其纵深感增强，意境深远；

5.将两"山石"合并，则又是一番景色；

6.在左侧摆放竹筏，使作品富有生活情趣。

球松

Sedum multiceps

球松虽然并不是真正的松树，但却有着松的风采，其植株不大，常用于制作微型或小型盆景。

归舟
王小军 作品

球松也称小松绿。为景天科景天属多肉植物，植株低矮，多分枝，株型近似球状，老茎灰白色，新枝浅绿色。肉质叶近似针状，但稍宽，长约1厘米，簇生于枝头，绿色，老叶干枯后贴在枝干上，形成类似松树皮般的龟裂，很久才脱落，露出光滑的肉质茎。小花黄色，星状，春末夏初开放。

造型

球松的繁殖可在10月至翌年的3月进行扦插。剪取健壮充实、带有顶叶的枝条，晾3~5天，等伤口干燥后插于土壤中，很容易生根。

球松因形态似松，因此其盆景造型多模仿松树。常见的造型有悬崖式、直干式、斜干式、临水式、丛林式、水旱式等。因枝条较脆，容易折断，其造型方法以修剪为主，对于一些生长多年的植株，可剪除下部的枝叶，使其形成明显的主干。需要指出的是，球松的枝干较细，

应注意控制植株的高度，使其枝、干之间比例自然协调。

由于球松植株低矮，摆放普通亭子、马、人物之类的盆景配件，会使主体植物显得非常小，不能以小见大，表现出苍松的伟岸之态，因此在没有比例合适的盆景配件的情况下，干脆不放配件，以免画蛇添足，影响整体效果，只需用小草、石块等做出自然的地貌形态即可。此外，由于球松植株矮小、株型紧凑、耐干旱，还是很好的山水盆景点缀植物，可种植于山石缝隙等处，很能以小见大，衬托山势的雄伟高大。

球松虽然不是真正的松树，但在制作盆景时也要以大自然中的苍松形态为蓝本，并参考国画、摄影、油画中的松树形态，制作出"源于自然，又高于自然"的盆景。由于球松的枝干较细等物种自身因素，制作盆景很难表现大自然中老松古雅虬曲的特色，因此多表现松树葳蕤茂盛、生机盎然的风姿。

养护

球松原产北非的阿尔及利亚，喜凉爽干燥和阳光充足的环境，耐干旱，怕积水。平时可放在光照充足之处养护，如果阳光不足，会使植株徒长，叶与叶之间的距离拉长，失去紧凑秀美的株型，严重影响观赏，而在阳光充足之处生长的植株，枝叶短而紧凑，更具松树那种坚贞挺拔的韵味。浇水掌握"宁干勿湿"的原则，避免长期积水，以免造成烂根。一般不必另外施肥。

球松的萌发力强，容易萌发侧枝，养护中应注意修剪，及时剪去过密、过乱的枝条，尤其是基部的新枝（剪下的枝条可供扦插繁殖），以保持盆景的疏密得体，自然美观，并培养出独立的树干。对于修剪下来的枝条，可作为插穗，晾

1～2天或更长时间，等伤口干燥后进行扦插繁殖，除盛夏高温季节外，不论长短，都很容易成活。此外，球松的花并不美丽，因此出现花序后要及时剪掉，以免消耗过多的养分，对植株生长造成不利，造成度夏困难，甚至在夏季死亡。

夏季高温时球松处于休眠状态，植株生长停滞，可放在半阴处养护，注意控制浇水，避免长期雨淋，以防因水大造成植株腐烂。到秋凉后植株开始生长后再恢复正常的管理。冬季移入室内光照充足的地方，控制浇水，使植株休眠，能耐5℃，甚至更低的温度。

每年的秋季换盆一次，盆土要求疏松透气，具有良好的排水性，可用草炭、蛭石或珍珠岩等材料混合配制，换盆时将过长的老根剪短，以促发健壮的新根。

球松盆景
兑宝峰 作品

葳蕤
兑宝峰 作品

归舟
王小军 作品

球松盆景
兑宝峰 作品

乙女心

Sedum pachyphyllum

乙女心叶子圆润可爱，老桩古雅，用其制作盆景清奇典雅，风格独特。

乙女心盆景
尚建贞 作品

乙女心为景天科景天属多肉植物，植株多分枝，肥厚的肉质叶密集排列在枝干的顶端，叶绿色至粉红，长圆形，被有白粉，在强光与昼夜温差较大或冬季低温期叶色会变红。园艺种有果冻乙女心以及缀化、斑锦等变异品种；近似种有八千代等。

造型

乙女心的繁殖可在生长季节扦插，枝插、叶插均可，插穗采下后应晾几天，当伤口干燥后再进行，这样可以避免腐烂。

乙女心枝干虬曲多姿，栽种时注意角度，或正或斜或垂或立，并注意植物的观赏面与盆器的观赏面是否一致。因其枝干较脆，容易折断，造型方法以修剪为主，剪去多余的枝条，摘除影响美观的叶子，使其疏密有致，高低错落，以达到最佳观赏效果。

养护

乙女心喜凉爽干燥和阳光充足的环境，耐干旱，怕积水。生长期应给予足够的阳光和较大的昼夜温差，在这样环境中栽培的植物叶子肥厚圆润，色彩鲜亮。夏季高温时植株生长缓慢，甚至完全停滞，应控制浇水，注意通风。冬季移入室内光照充足处，在控制浇水的情况下，不低于0℃可安全越冬。

翻盆一般在春秋季节进行，盆土要求疏松透气、排水性良好。

乙女心盆景
尚建贞 作品

松虫

Adromischus hemisphaericus

天锦章属多肉植物俗称『水泡』，其品种丰富，形态富于变化，适合制作盆景的种类除松虫外，还有阿氏天锦章、玛丽安等。

松虫盆景
兑宝峰 作品

松虫别名松虫水泡、金钱章、天锦星。为景天科天锦章属多肉植物，植株易分枝；肥厚的肉质叶排列紧密，叶色淡绿，在阳光充足的环境中有褐色斑点。另有斑锦变异品种'松虫锦'，叶面上有黄色斑纹。

造型

松虫的繁殖在可生长季节掰取充实的肉质叶或剪取健康的肉质茎（茎上一定要带叶）进行扦插。

松虫植株玲珑精致，制作盆景时可根据株型的不同选择大小适宜的盆器，营造或自然清新，或原始质朴，或充满童趣的氛围，使植物的自然之美与人工造景的艺术之美融为一体。

养护

松虫喜凉爽干燥和阳光充足的环境，耐干旱，怕积水，适宜在疏松透气，并有一定颗粒度的土壤中生长。夏季高温季节植株生长缓慢甚至完全停滞，可放在通风凉爽之处养护，并控制浇水，注意遮阴，以防止强光灼伤植株。春秋季节的生长期给予充足的阳光，浇水掌握"见干见湿"的原则。冬季置于室内光照充足的地方，0℃以上可安全越冬。

阿氏天锦章
兑宝峰 作品

夜叉姬

Tylecodon toruosum

夜叉姬茎干古雅，叶色碧绿，最适宜制作丛林式等造型盆景，以表现大自然疏林景观。

⑤ 夜叉姬盆景
兑宝峰 作品

夜叉姬在日本称为"沙夜叉姬"。为景天科奇峰锦属多肉植物，具发达的肉质根，植株多分枝，呈灌木状，肉质叶绿色，夏季休眠时其叶干枯，但仍会残留在茎枝上而不脱落。

造型

夜叉姬的繁殖可在春秋季节用扦插或分株。其根部清奇古雅，犹如生长多年的老树兜，新叶嫩绿，无论组合还是单株成景，都能表现出天然野趣。可采用修剪的方法，剪去多余的枝条，使其高低错落，疏朗通透。

养护

夜叉姬喜凉爽干燥和阳光充足的环境，夏季高温季节，植株处于休眠状态，其生长停滞，叶子逐渐干枯，此时应控制浇水，避免雨淋，加强通风，这些措施都是为了防止茎干及根部腐烂。秋凉后植株开始生长，萌发新叶，可将植株移至光照充足处养护，使其尽可能多地接受阳光的沐浴，以避免徒长，形成紧凑壮实的株型。生长期浇水掌握"不干不浇，浇则浇透"的原则，避免盆土积水，栽培中一般不必另外施肥。冬季置于室内阳光充足处，能耐5℃或更低的温度。生长季节注意修整株型，及时除去影响美观的枝条（剪下的枝条晾2～3天，伤口干燥后可以扦插繁殖），以保持盆景的疏朗俊秀。

翻盆一般在秋天或生长季节进行，盆土要求疏松透气，具有良好的排水性。

小人祭

Aeonium sedifolium

小人祭叶子细小而稠密，色泽斑斓，是很好的盆景素材。

故乡情
玉山 摄影

小人祭也称日本小松、镜背妹。为景天科莲花掌属多肉植物，植株多分枝，呈灌木状，在相对潮湿的环境中或根系受损的情况下，枝干上会长出气生根；肉质叶细小，卵状，呈莲座状排列，叶绿色，带有紫红色纹，在阳光充足的环境中，整个叶子都呈黄褐色。夏季高温时植株休眠，叶子会包起来。总状花序，小花黄色，春季开放。

小人祭的园艺种有'丸叶小人祭'，肉质叶厚实而圆润；'小人祭锦'，叶上红色斑纹。

造型

小人祭的繁殖可在生长季节剪取健壮的枝条进行扦插，插前晾几天，使伤口干燥，以防腐烂，很容易生根。

小人祭适合制作直干式、斜干式、临水式、悬崖式、丛林式等多种造型的盆景。因其枝干较脆，容易折断，不宜采用蟠扎的方法造型，可根据植株的具体形状因势利导，通过改变种植角度等方法，达到理想的效果，并剪去多余的枝条，用牵拉的方法调整不到位的枝条，使之层次分明。

需要指出的是，小人祭的枝干较细，树冠不宜过大，否则势必头重脚轻，造成不和谐。而通过数株组合、附石、附木等方法，可在视觉上使树干粗一些，其下垂的气生根扎进土壤中，与郁郁葱葱、葳蕤茂盛的树冠相映成趣，颇有大榕树独木成林的风采。

养护

小人祭喜凉爽干燥和阳光充足的环境，耐干旱，怕积水。除夏季高温季节适当遮阴，避免烈日暴晒外，其他不论任何时候，都要给予充足的阳光，至少也要半阴的环境，以免因光照不足，造成植株徒长，而且叶色也会变绿，失去美丽的褐色斑纹。在炎热的夏季植株生长停滞，处于休眠状态，应控制浇水，注意通风，避免闷热的环境。春秋季节的生长期宜保持土壤湿润而不积水，成型的盆景不要求其生长太快，可不必施肥，以保持树型的优美。冬季移入室内阳光充足之处，5℃以上可安全越冬。

小人祭生长较快，可在生长期随时进行修剪，剪去影响树型的枝条（剪下的枝条可供扦插繁殖）。当树型过大时可进行回缩修剪，将过长的枝条剪短，以促发新枝，形成紧凑矮壮的株型。小人祭花的观赏性并不高，可在花蕾形成后及时剪掉，以免消耗过多的养分，影响正常生长。

秋季或早春进行翻盆，盆土要求疏松透气、排水透气性良好。

小人祭盆景
张国军 作品

秋韵
兑宝峰 作品

牧马图
兑宝峰 作品

山林野趣
玉山 摄影

⑮ 移至室外光照充足处叶上红褐色斑纹显现

⑯ 在阳光不足处养护的丸叶小人祭
兑宝峰 作品

◎ **实例**（兑宝峰 制作）

1.《逸之趣》

a.这株不到10厘米高的小人祭，原先是直立生长的，仔细端详后，决定将其水平栽种，盆器则选用较高的方形筒盆，使植物横向伸出盆面，以突出其自然飘逸的特点，并裸露出部分根系，使之看上去古朴苍劲，为了稳定重心，还在盆面摆了一块石头。

b.经过一段时间的养护，利用植物向上生长的习性，原来向前伸展的叶子逐渐向上生长了，犹如一朵朵绿色的花朵绽放在枝头，青翠典雅，生机盎然。

2.《风之颂》

后来《逸之趣》长得有点"疯"，失去了雅趣，于是，将大部分枝条剪短，以促发新的枝叶，并换成椭圆形的盆，直立种植，其动感十足，犹如风中的大树，颇有风动式之意趣。

3.《春之曲》

a.《秋之韵》植物为丸叶小人祭，采用丛林式造型，其斑斓的色彩，犹如秋之林的韵味。

b.将《风之颂》与《秋之韵》合二为一，植于长盆中，为了增加层次感，又在不同的位置点缀了几棵小树，但整体感觉太乱；

c.于是，去掉多余的植物，只保留2棵主树，但中间有点空；在中间位置补充了一棵小树，使之形成主次分明、高低错落的效果，并铺上青苔，在合适的位置摆上一匹低头食草的马（马的长度约1.4厘米），以增加作品的趣味性。

红缘莲花掌

Aeonium haworthii

红缘莲花掌枝叶奇特，酷似一朵朵莲花绽放在枝头，因其叶子较大，制作盆景时应考虑整体效果，使之疏密有致，清新动人。

红缘莲花掌为景天科莲花掌属多肉植物，植株呈多分枝的灌木状，分枝顶端的叶子排成莲座状，叶片倒卵形，质稍厚，叶色蓝绿或灰绿色，叶缘有细锯齿，叶缘红色或红褐色，在夏日阳光充足的环境中，整个叶子都呈黑褐色，并向内包裹，整个叶盘酷似一朵即将绽放的玫瑰花。

造型

红缘莲花掌的繁殖可在生长季节剪取健壮充实，带有叶子的枝条扦插。

红缘莲花掌的枝干扭曲多姿，并有发达的气生根，与枝条顶端的莲座状叶盘相得益彰，犹如一朵朵莲花盛开在枝头，奇特而美丽。制作盆景时应注意取舍，使其疏密有致，使作品既有植物的物种特色，又有较高的艺术性。

养护

红缘莲花掌喜凉爽干燥和阳光充足的环境，耐干旱，怕积水。平时可放光照充足之处养护，即使是盛夏也不必遮阴，但要有良好的通风。其他管理与小人祭相同，可参考。

黑法师

Aeonium arboreum. 'Atropureum'

黑法师株型亭亭玉立，墨色的叶子如一朵朵莲花绽放在枝头，奇特而美丽，用其制作盆景新颖别致，富有趣味。

黑法师盆景
玉山 摄影

黑法师别名紫叶莲花掌，拉丁名亦可写作 *Aeonium* 'Zwartkop'。为景天科莲花掌属多肉植物。植株呈多分枝的灌木状，老茎略木质化，肉质茎圆柱形，灰褐色。肉质叶匙形，稍薄，叶缘睫毛状，叶色黑紫，生长旺盛时则为绿紫色或墨绿色。总状花序，小花黄色，花后通常植株枯死。

黑法师的园艺种、近似种以及斑锦、缀化等变异品种十分丰富，其叶色有黑、紫、绿、粉红、红，有些还有美丽的黄色斑纹，甚至在不同环境、不同季节，叶色也有不同。主要有圆叶黑法师、墨法师、红法师（众曲赞）、紫羊绒、绿羊绒、绿法师、韶羞法师、八尺镜法师、铜壶法师、孔雀、凤凰、阴阳法师、万圣节法师、翡翠冰、巫毒法师、独眼巨人法师、嘉年华法师、沙拉碗法师、香炉盘（有韩版和欧版之分）、玫瑰法师、红覆轮锦、美杜莎法师等。此外，艳日晖、花叶寒月夜、中斑莲花掌、玉龙观音、红缘莲花掌等近似种也有爱好者将其归为"法师系"，其习性及养护、繁殖与黑法师相似。其中不少株型紧凑，叶子不大的种类都可以制作盆景。

造型

黑法师的繁殖可采用播种或扦插。其中扦插最为常用，可在生长季节剪取健壮充实，顶部带有叶片的肉质茎进行扦插，插前应晾5天左右，等伤口干燥后插入土壤中，以后保持稍有潮气，勿使积水，很容易生根。

黑法师的枝干细而挺拔，常数株合栽，作丛林式造型，上盆时可适当修剪，使之高低错落，疏密得当，并点缀一些小型多肉植物，以更好地表现丛林植物物种的丰富性。也可通过改变种植角度，使之疏影横斜，具有动势。还可利用叶盘似莲座的特点，与其他叶盘似莲花的多肉植物组合，并摆放佛的饰件，表现禅的韵味。

养护

黑法师为园艺品种，喜凉爽干燥和阳光充足的环境，耐干旱，不耐寒，也怕酷热，稍耐半阴，具有冷凉季节生长，高温时休眠的习性。在炎热的夏季，植株呈休眠状态，生长缓慢或完全停滞，下部的叶片脱落，顶端的叶子向内包裹，呈花苞状。可放在通风良好处养护，避免长期雨淋，并稍加遮光，节制浇水，也不要施肥。春秋季节和初夏是植株的主要生长期，应给予充足的阳光，虽然在半阴处也能生长，但生长点附近会变成暗绿色，其他部位叶片的黑紫色也会减淡，成为浅褐色，影响观赏。此外，

土壤中氮肥含量过高、植株生长过旺也会造成这种现象。因此平时使盆土稍微干些，让植株长得稍慢些反而会收到较好的效果。冬季若最低温度不低于10℃，可正常浇水，使植株继续生长，但不必施肥；如果保持不了这么高的温度，节制浇水，使植株休眠，也能耐3~5℃乃至短期的0℃低温。冬季由于光照较少，叶片会转绿，尤其是新长出的叶片，更为明显，可不必管它，等春季到来后，随着光照的增加会逐渐变成黑紫色。

每1~2年换盆一次，一般在春、秋季节进行，盆土要求肥沃，并具有良好的排水性，常用草炭土、蛭石或珍珠岩等材料混合配制。

禅悟
郑州植物园 作品

黑法师盆景
第十七届青州花博会 作品

法师锦与山地玫瑰组合
兑宝峰 作品

黑法师盆景
单联娟 作品

白银杯

Senecio fulgens

盆景具有管理简单等特点。

白银杯根部古雅，叶大而肥厚，用其制作

白银杯盆景
王文鹏 提供

白银杯也称白银龙、绯之冠。为菊科千里光属多肉植物，具发达的根状茎，茎、叶均为肉质，植株有分枝，叶片灰绿色，阳光充足时带有紫晕，叶缘平滑或偶有锯齿。头状花序。花红色，夏秋季节开放

造型

白银杯的繁殖可在生长季节进行扦插、分株或播种。

白银杯根茎肥硕，可丛植于盆中，以表现山林野趣，栽种时注意植株的疏密与错落，以彰显自然情趣。也可利用其枝干飘逸等特点，制作悬崖式等造型的盆景。因其茎枝脆，容易折断，造型方法以修剪为主，对于不到位的枝条可用金属丝牵拉。

养护

白银杯喜温暖干燥和阳光充足的环境，耐干

旱，怕积水。夏季高温时植株有短暂的休眠期，可放在通风凉爽处养护，并控制浇水。平时浇水做到"见干见湿"，勿使积水，白银杯肉质叶大而厚，重量很大，当植株生长到一定高度后，茎枝支撑不住厚重的叶子，就会倒伏，可剪除老的枝叶，以控制植株高度，并促进侧枝的萌发，保持株型的优美。

白银杯盆景
王小军 作品

紫章

Senecio crassissimus

紫章叶色优美，制作盆景给人以古朴厚重的感觉。

紫章盆景
兑宝峰 作品

紫章也称紫蛮刀、鱼尾冠、紫龙、紫金章。为菊科千里光属多肉植物，茎、枝均为绿色，有时带有紫晕，肉质叶倒卵形，绿色，被有白粉，叶缘及叶片基本均呈紫色（在昼夜温差大，光照充足的环境中，尤为显著）。头状花序，小花黄色或橙红色。

造型

紫章的繁殖以扦插为主。可制作斜干式、直干式、悬崖式等多种造型的盆景，其枝条相对柔软，可用金属丝（主要是铜丝、铝丝）牵拉或蟠扎，以达到理想的效果，造型前应控水几天，等枝条进一步软化后再进行。并注意剪除多余的枝叶，使之疏朗秀逸。

养护

紫章喜温暖干燥和阳光充足的环境，在半阴处也能正常生长。主要生长期在春、秋季节，宜给予充足的阳光，由于盆器不大，容易干燥，可勤浇水，以保持湿润，但不要积水，以免根、茎腐烂。夏季高温时植株生长缓慢或完全停滞，可放在通风凉爽之处养护。等秋季凉爽后再恢复正常管理。越冬温度宜保持0℃以上。盆土要求疏松透气、排水良好。

紫章盆景
兑宝峰 作品

绿之铃

Senecio rowleyanus

应表现其自然潇洒的特点。

绿之铃株型奇特，婀娜飘逸，制作盆景时

🈶 绿之铃盆景
菖蒲工坊 作品

绿之铃也称佛珠、珍珠吊兰、情人泪。为菊科千里光属多肉植物，茎纤细，悬垂或匍匐地面生长，肉质叶圆球形，似一串串绿色的珠子。头状花序，小花白色。其近似种有京童子等。

造型

绿之铃繁殖可在生长季节分株或扦插。其株型潇洒飘逸，可数根栽于山石上、玻璃杯中或其他器皿中，任其枝条下垂，婀娜多姿。

养护

绿之铃原产非洲西南部干旱的亚热带地区，喜温暖干燥的半阴环境，耐干旱，不耐寒，也怕高温和强光暴晒。春、秋两季的生长旺盛期，可放在光线明亮处养护，保持盆土稍湿润，避免积水，否则会造成根部腐烂。夏季高温时植株处于半休眠状态，生长虽未完全停止，但极为缓慢，应放在通风凉爽处养护，并严格控制浇水，更不能长期雨淋。冬季放在室内阳光充足处养护，不低于5℃即可安全越冬。栽培中应注意修剪整型，及时剪去过长、过乱的茎叶，以保持株型的优美。盆土要求肥沃、疏松，并有良好的排水性。

TIPS 种与品种

种（Species）是"物种"的简称，指具有一定的自然分布区域和一定的形态特征、生理特性的生物类群。在同一种中的各个个体具有相同的遗传性状，彼此交配(传粉受精)可以产生能育的后代。而品种是经过人工选择而形成遗传性状比较稳定、种性大致相同、具有人类需要的性状的栽培植物群体。

总之，种是生物进化和自然选择的产物。品种是种的下级分类，是人类长期进行长期选育的劳动成果，是种质基因库的重要保存单位，也是一种生产资料。

芦荟

Aloe sp.

芦荟种类丰富，是一类具有热带沙漠风情的多肉植物，其中不少种类可供药用，具有清热解毒、治疗烧烫伤等功效。

逸
张旭 作品

野趣
兑宝峰 作品

芦荟为芦荟科芦荟属多肉植物的总称，其种类很多，适合制作小品的要求植株不大、形态自然的品种，像草芦荟、第可芦荟、海虎兰、黄星座等都是不错的选择。

造型

芦荟的繁殖以分株、播种为主，某些种类还可扦插。

制作芦荟盆景可选择稍浅一些的中小型长方形或椭圆形紫砂盆。先将1～2株 或丛生的芦荟作为小品的主体栽于花盆的一侧，栽种时注意前后位置的错落，以达到最佳观赏效果。栽好后在花盆的另一侧点缀石块，并在空闲的位置栽种一些小型多肉植物作为陪衬，以突出其整体美。由于这类小盆景表现的是大自然中植物的生态环境，所以不必摆放亭、桥、阁及人物等传统摆件，以表现自然野趣。还可利用某些小型芦荟枝干旁逸斜出的特点，制作悬崖式、临水式等造型的盆景。

养护

芦荟喜温暖干燥的阳光充足的环境，耐干旱和半阴，怕积水。生长期需要有足够的阳光，以免因光照不足，使得植株徒长，株型散乱，影响观赏。平时保持盆土偏干一些，以控制长势，维持盆景的完美。春、秋季节每月施一次薄肥，夏季注意通风，冬季节制浇水，0℃以上可安全过冬。

翻盆在春季或秋季进行，盆土要求疏松透气、排水性良好。

瓦苇

Haworthia sp.

瓦苇植株不大，形态奇特富有野趣，多用来制作表现热带沙漠景观的盆景。

野趣
郑州植物园 作品

瓦苇也称十二卷，是芦荟科瓦苇属（旧的分类法将划归百合科十二卷属）多肉植物总称。其品种很多，按叶质可分为软叶系和硬叶系两大类，适合制作盆景的是硬叶系中的条纹十二卷、鹰爪瓦苇、十二缟、白帝、九轮塔、象牙塔、古笛锦以及软叶系中的玉露或其他小型原始种。

造型

瓦苇的繁殖多在生长季节用分株的方法繁殖。

造型与养护均与芦荟近似，可参考进行。

鹰爪瓦苇盆景
兑宝峰 作品

天赐

Phyllobolus resurgens

天赐枝叶飘逸多姿，根茎古朴，尤其是叶子上小疣突，晶莹可爱，是一种很有特色的多肉植物。

天赐
玉山 摄影

天赐为番杏科天使之玉属多肉植物。植株具不规则形块根，表皮灰绿色，有分枝，在阳光充足的环境中，新枝呈紫红色；叶簇生于枝的顶端，肉质，细长棒状，绿色，密布亮晶晶的吸盘状小疣突；花白色或略微带绿色，春天开放。

造型

天赐的繁殖以播种为主，多在秋季或冬季的冷凉季节进行，因种子细小，播后不必覆土，但要覆盖塑料薄膜或玻璃片，进行保湿。此外，也可在生长季节扦插可掰取健壮充实的茎段进行扦插，插前晾3~5天，等伤口干燥后进行，以防腐烂。

制作盆景宜选择形态奇特的桩子，上盆时注意走势和角度，或直立，或倾斜，或倒悬，制作出直干式、斜干式、悬崖式、临水式等不同造型的盆景。由于其茎枝较脆，稍微一碰就断，造

型时可利用桩子的自然形态，因势利导，精心构思，删繁就简，剪去多余的部分，保留精华，使其错落有致，层次分明，如果需要牵拉，应控水一段时间，等枝条变得柔软一些时再进行，并注意力度的掌握，以免折断。此外，还可利用植物的趋光性、向上生长的趋势，使需要伸展的枝条朝着阳光，以达到理想的效果。

养护

天赐原产南非，喜凉爽干燥和阳光充足的环境，耐干旱，怕积水。生长期主要集中在春、秋季节，宜给予充足的阳光，否则会因光照不足，造成植株徒长，茎枝纤弱细长，容易折断。天赐对水分较为敏感，当缺水时，枝叶萎蔫下垂，但浇水后很快就会恢复正常状态，生长期掌握"不干不浇，浇则浇透"的原则，盆土积水和长期干旱，都不利于植株正常生长。每20~30天施一

次稀薄液肥，以提供充足的养分，促使生长健壮。夏季高温时植株生长缓慢或完全停滞，应放在通风凉爽之处养护，控制浇水，停止施肥，以免因环境闷热潮湿而导致烂根。冬天置于阳光充足的室内，控制浇水，不低于0℃可安全越冬。

天赐的翻盆在春、秋季节，土壤要求疏松透气，有一定的肥力，具有良好的排水性。可用草炭加蛭石或珍珠岩、炉渣等混合配制。

◎ 实例（兑宝峰 制作）

1. 将桩材植入小盆中，试看效果，感觉盆有点小，枝盘也有欠缺；

2. 将其移入大一些的瓦盆中，以加速生长，尽快形成完美的枝盘结构；

3. 经过一段时间的生长，新的枝叶萌发，将其移到六角形盆中；

4. 等枝盘基本形成后，以悬崖式的造型植入大小合适的黄色筒盆；

5. 经过一段时间的生长，其叶潇洒自然，势若蛟龙探海，故题名《探幽》。

生石花

Lithops spp.

生石花形态奇特富有趣味，无枝无茎，制作盆景时或突出植物的趣味性，或表现原产地特有的风貌。

⑤ 一壶好茶
戴大敏 作品

生石花也称石头花，因外形酷似卵石而得名，是一种高度发展的拟态植物，又因肉质叶有些像人的臀部，故也有人戏称之为"屁股花"。为番杏科生石花属多肉植物的总称，有80多个原生种及大量的园艺种、杂交种。植株由两片对生联结的肉质叶组成，其形似倒圆锥体，叶色有浅灰、棕、蓝灰、灰绿、红、紫红等变化，顶部近似卵形，平或凸起，上有透明的窗或半透明的斑点、树枝状凹纹，可透过光线，进行光合作用。顶部中间有小缝隙，花从这条小缝隙开出，花色多为黄、白色，罕有红色。除"曲玉"等个别品种在夏季开花外，大多数品种都在秋季开花，花朵天气晴朗的午后开放，傍晚闭合，如此持续4~6天。

在番杏科多肉植物中，有很多像生石花这样的拟态植物，像肉锥花属中的安珍、清姬，春桃玉属的绫耀玉，对叶花属的帝玉等。都可以用来制作此类盆景。

造型

生石花的繁殖以播种为主，一般在秋季或冬季进行。制作盆景可到市场购买成株，其品种不要求名贵，但要习性强健。造型时可选择浅盆或中等深度的盆器，将数株生石花错落有致地植于盆中，以模仿原产地的自然风光，栽种时注意疏密得当，切不可种成规整的几何形，以免匠气，最后在盆面点缀一些赏石，并撒上一些砾石、石子或其他颗粒材料，以增加大自然野趣。也可将生石花植于茶壶中，配以茶盏，谓之一壶好茶，颇有趣味。

养护

生石花原产南非及西南非洲的干旱地区，喜凉爽干燥和阳光充足的环境，要求有良好的通风，耐干旱，不耐阴，怕积水和酷热。具有"冷凉季节生长，夏季高温休眠"的习性。除'曲玉'等个别品种外，大部分种类生石花在夏季高温时生长缓慢或完全停止，要求有良好的通风，明亮的光照，减少浇水，在土壤完全干透后浇少量的水，浇水时间一般在晚上温度较低的时候，不要在白天温度较高的时候浇水，以免因温度突然降低对植株造成伤害。也可完全断水，使植株在干燥的环境中休眠，度过炎热的夏季。

每年的8月下旬随着气候的转凉，生石花结束休眠，进入生长期，可在此时进行翻盆，盆土要求疏松透气、排水性良好、具有较粗的颗粒度。生长期要求有充足的阳光，如果光照不足，会使植株徒长，肉质叶变得瘦高，而且难

以开花，但10月以前要避免中午前后的烈日暴晒，以免强烈的阳光将植株晒"熟"变白，从而导致死亡。浇水掌握"不干不浇，浇则浇透"的原则。冬季给予充足的光照，能耐0℃或更低的温度。

生石花的生长过程中，有个独特的脱皮现象，每年的花后植株开始在其内部孕育新的植株，并逐渐长大，随着新植株的生长，原来的老植株皱缩干枯，只剩下一层皮，并被新株涨破，直到最后完全脱去这层老皮。1~4月的脱皮期应停止施肥，控制浇水，甚至可以完全断水，使原来的老皮及早干枯。

野趣
张旭 提供

生石花
玉山 摄影

生石花盆景
张旭 提供

姬红小松

Trichodiadema bulbosum

姬红小松姿态古雅，叶色浓密，植株虽不大，却有着松树的风采，常用于制作小型或微型盆景。

🈷 姬红小松盆景
兑宝峰 作品

🈷 野趣
兑宝峰 作品

姬红小松别名小松波。为番杏科仙宝属多肉植物，植株多分枝，呈小灌木状，具肥硕的肉质根，生长多年的植株，肉质根盘根错节，苍劲古雅，极富大自然之野趣。叶较小，先端的白毛短而稀疏。花雏菊状，较小，紫红色，6~8月开放。

近似种有紫晃星（*Trichodema densum*），也称紫星光，其株型及叶和花朵都较大。亦可用来制作盆景。

造型

姬红小松的繁殖可用播种或扦插的方法，也可购买成株进行造型。其块根肥硕古雅，在制作盆景时可将其根系提出土表，枝条则可通过修剪、蟠扎等方法，使其层次分明。

养护

姬红小松原产南非，喜温暖干燥和阳光充足的环境，耐干旱，怕积水。主要生长期在春秋季节，可放在阳光充足之处养护，以避免徒长，形成紧凑健康的株型，并有利于开花。生长期保持土壤湿润，但要避免积水，以免造成烂根，但也不能长期干旱，否则肉质根发皱，生长停滞；每月施一次腐熟的稀薄液肥。夏季的高温季节，植株生长较为缓慢，宜放在通风良好处养护，避免闷热的环境，以防红蜘蛛的危害，并停止施肥。冬季置于阳光充足的室内，控制浇水，使植株休眠，不低于0℃可越冬。

姬红小松枝条的萌发力强，生长较快，应经常修剪，剪除过于凌乱、密集、过长的枝条剪除或剪短，以保持株型的美观。每年的春天翻盆一次，盆土要求肥沃、疏松透气、具有良好的排水性。

块茎圣冰花

Mestoklema tuberosum

块茎圣冰花姿态古雅，根部虬曲苍劲，制作盆景时应予以突出，将其提出土面。

块茎圣冰花盆景
兑宝峰 作品

块茎圣冰花为番杏科圣冰花属（也叫梅斯菊属、梅斯木属）多肉植物，植株多分枝，呈灌木状，具发达的根状茎，其表皮橙色，有皱裂和蜡质光泽；肉质叶绿色，棒状，稍下垂，有细小的瘤状疣突，小花橙红色。近似种有木本梅斯菊（*Mestoklema arboriforme*），其块茎更为肥硕发达，小花白色。

造型

块茎圣冰花的繁殖以播种、扦插为主。其根系发达，古雅清奇，萌发力强，耐强剪，适合制作多种造型的盆景，尤其适合制作提根式盆景。因茎枝略呈肉质，质地松散，易撕裂，造型以修剪为主，对不到位的枝条可用金属丝牵拉引导，并辅以蟠扎，使其达到理想的效果。

养护

块茎圣冰花喜温暖干燥和阳光充足的环境，不耐阴，耐干旱，怕积水。适宜在疏松透气、排水良好的土壤中生长。生长期可放在室外光照充足处养护，浇水掌握"见干见湿""宁干勿湿"，勿使土壤积水，以免造成烂根。施肥与否要求不严。夏季高温季节注意通风良好，避免闷热的环境。冬季移至室内光照充足处养护，控制浇水，不低于5℃可安全越冬。块茎圣冰花的萌发力较强，应及时抹去茎枝上多余的萌芽，将过长的枝条短截，以形成紧凑而疏朗的株型。

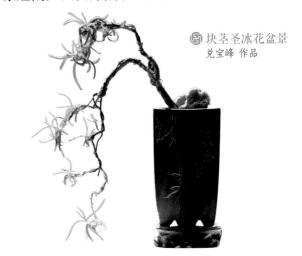

块茎圣冰花盆景
兑宝峰 作品

冰花

Delosperma bosseranum

冰花繁殖容易，块根肥硕古朴，因其植株不大，常用于制作微型盆景。

冰花
兑宝峰 作品

冰花也叫块根露子花。为番杏科露子花属多肉植物，具近肥硕的肉质块根，植株有分枝，新枝绿色，老枝灰白色。肉质叶对生，长棒形，背面凸起，绿色，被有细密的透明纤毛。花小，白色，夏季开放，蒴果，种子细小。

造型

冰花的繁殖可用播种或扦插。该植物能够自花授粉结实，并有着很强的自播能力，在其成株附近时常会有幼苗长出，可加以培育，成为制作盆景的材料。

冰花植株不大，常用于制作微型盆景。其最大的亮点是肥硕的块根，造型时应将其露出土面，栽种时注意角度的选择，或直或斜；剪除多余的分枝，并用粗细适宜的金属丝对保留的枝条进行蟠扎调整。

养护

冰花喜温暖干燥和阳光充足的环境，耐干旱。平时放在光照充足之处养护，以避免徒长，使得节间短，形成紧凑的株型；本种有着极强的耐旱性，即使土壤完全干透数日，植株也不会死亡，但为了使之生长健壮，施肥与否要求不严。生长期注意打头摘心，以控制枝条的延伸，保持株型的完美。冬季控制浇水，不低于0℃可安全越冬。每2～3年翻盆一次，可在生长期随时进行，盆土宜用疏松透气、排水良好的砂质土壤。

枝干洋葵

Pelargonium mirabile

枯干洋葵枝干黝黑古雅，叶子圆润可爱，制作盆景时应表现出该特色。

🔟 枝干洋葵盆景
王文鹏 提供

枝干洋葵别名沙漠洋葵、枯干洋葵、香叶天竺葵。为牻牛儿苗科天竺葵属多肉植物，植株呈多分枝的灌木状，枝干黑褐色，叶圆形，有绒毛。近似种有羽叶洋葵（*Pelargonium appendiculatum*），其根干皴裂，古雅清奇，叶羽状，被有绒毛，舒展飘逸，自然成片。

在牻牛儿苗科龙骨葵属还有龙骨扇（*Sarcocaulon vanderietiae*）以及月界、刺月界等，均可用于制作盆景。

🔟 龙骨扇盆景
尚建贞 作品

造型

枝干洋葵的繁殖以播种为主。但播种苗生长缓慢，需要数年才能成型，因此可购买成株制作盆景。

枝干洋葵姿态古雅，自然成型，可根据植株的形态选择不同的盆器，并注意栽种角度，即是一件自然遒劲的盆景。其夏季落叶后枝干古朴雅致，秋季新叶萌发后，鲜嫩清新，老枝新叶相映成趣，给人以生机盎然的感觉。

养护

枝干洋葵喜凉爽干燥和阳光充足的环境，耐干旱，怕积水，适宜在疏松透气，并有一定颗粒度的土壤生长。夏季高温时叶片脱落，植株处于休眠状态，可放在通风凉爽处养护，并停止浇水。其他季节则放在阳光充足处养护，浇水"见干见湿"，避免积水。冬季最好保持10℃以上，以使其正常生长，5℃以下植株虽不至于死亡，但生长停滞，缺乏生机。

皱叶麒麟

Euphorbia decaryi

皱叶麒麟姿态奇特而富有趣味，其皱皱巴巴的叶子看上去非常有趣，因其植株不大，常用于制作微型或小型盆景。

囚 野趣
兑宝峰 作品

皱叶麒麟为大戟科大戟属多肉植物，植株低矮，呈丛生状，肉质茎呈细圆棒形，初为直立生长，以后则逐渐贴着土面呈匍匐生长，表皮粗糙起皱，深褐色至灰褐色、灰白色。叶轮生，植株下部的老叶常脱落，仅在茎的顶部长有为数不多的叶片，叶片长椭圆形，全缘，具褶皱，叶色青绿或深绿，经烈日暴晒后则呈红褐色。植株表皮破裂后有白色浆液流出。杯状聚伞花序，小花黄绿色。

同属中与其近似种还有彩叶麒麟（*Euphorbia francoisii*）、安博沃大戟（*E.ambovombensis*）、瓦莲大戟（*E. waringiae*）、苏珊大戟（*E. suzannae-marnierae*）、开塞恩坦马里大戟（*E.capsaintemariensis*）、图拉大戟（*E. tulearensis*）等，均可用于制作盆景。

造型

皱叶麒麟的繁殖常用播种、分株或扦插的方法。无论是分株还是扦插的皱叶麒麟，都要晾1~2天，等伤口干燥后再进行，以免腐烂。

皱叶麒麟可制作丛林式、临水式、悬崖式、水旱式等多种造型的盆景，可利用修剪或植物的趋光性进行造型。栽种时注意角度的选择，或直或斜，有些植株直立时不甚美观，而换个角度后则会收到意想不到的效果。

皱叶麒麟酷似微缩版的椰子树，可利用这个特点制作具有热带海滩风光特色的盆景。宜用小型的浅椭圆形或长方形盆器。上盆时挑选一些形态较好的植株，将数株栽于一盆，用皱叶麒麟代表椰子树，以模仿热带风光，栽种时将植株栽于花盆的一侧，要做到有主有次，层次分明，并注意前后左右位置的错落，高低的变化。制作完工后可在盆面撒些砂子、摆放石子或石砾，点缀一些薄雪万年草、姬星美人等小巧的多肉植物，使其整体风格和谐统一，具有热带海滩风光特点和大自然之野趣。

养护

皱叶麒麟原产非洲的马达加斯加岛，喜温暖干燥的半阴环境，耐干旱，怕荫蔽，也怕水涝。生长期不要放在光照不足处，否则植株徒长，茎枝细长不充实，不仅影响观赏，而且抵抗力减弱，很容易造成根茎腐烂，而在光线明亮又无直射阳光处培养的植株，茎枝饱满，叶色浓绿，给人以生机盎然的感觉。生长期浇水掌握"见干见湿"，不要积水，以防烂根。但也不能长期干旱缺水，否则植株生长停止，叶片脱落，严重时甚

至植株死亡。施肥与否要求不严。夏季高温季节可适当遮光，并注意通风良好，以避免烈日暴晒和闷热的环境。冬季移至室内向阳处，节制浇水，5℃以上可安全越冬。

由于皱叶麒麟基部的萌芽力强，栽培中应注意整型，及时除去多余的幼芽，剪掉多余的枝干，摘去影响美观的叶片，以维持植株形态的优美。每1～2年翻盆一次，一般在春季进行，盆土可用疏松肥沃、具有良好排水性的砂质土壤。

🔲 瓦莲大戟盆景
兑宝峰 作品

🔲 安博沃大戟盆景
兑宝峰 作品

🔲 开塞恩坦马里大戟盆景
兑宝峰 作品

🈴 野趣
兑宝峰 作品

🈴 彩叶麒麟盆景
兑宝峰 作品

🈴 逸
兑宝峰 作品

◎ **实例（兑宝峰 制作）**

1.将植株直立种植于椭圆形浅盆中，但效果并不是很理想，而且浅盆也不利于根系的生长。

2.将其较深的六角形盆中，并用较粗的颗粒土种植，以利于根系的生长。并在盆面摆放一块赏石，栽种小草，以营造自然和谐的氛围。

3.但该花盆有点儿过大，给人以"小孩穿大鞋"的感觉，看上去不是那么协调，于是又换了小点的圆形盆，并剪去基部的一小枝，使作品简洁，突出线条之美。

4.随着植株的生长，枝条有些过长，显得头重脚轻，须再次改型。

5.将横着种植的植株立起来，又另找了几株皱叶麒麟，将其组合在一起，以形成疏影横斜、层次分明的椰林景色，点石后，在盆面撒上一层灰白色的沙子，使其更具有热带海滩风光的特点。

6.经过7个多月的生长，其枝干更加粗壮，整体造型流畅简练，但盆器有点深，使得作品有些"闷"。

7.于是，就换了一个稍大一些的花盆，并增加一棵小树做为陪衬，尽管两盆的深度相差无几，但由于大盆的面积大些，看上去也不那么"闷"了。盆面的处理我采用了两种方法：

a.传统的铺青苔，并在盆面摆了两匹马，使得作品生动活泼，自然典雅。

b.在盆面撒上一层白色沙子，以表现热带海滩风光粗犷原始的特色。

筒叶麒麟

Euphorbia cylindrifolia

筒叶麒麟根茎古雅，叶子质朴，是一种奇特而富有野趣的小型多肉植物。

🔲 筒叶麒麟盆景
兑宝峰 作品

🔲 筒叶麒麟盆景
兑宝峰 作品

筒叶麒麟为大戟科大戟属多肉植物，播种繁殖的实生植株具球形或近似球形的肉质根，扦插繁殖的则为肥厚粗壮的肉质根；叶肉质。生于茎枝上中部，叶片细长，叶缘向内卷，形成筒状，顶端尖。植株表皮破裂后有白色乳状浆液流出。花序下垂，由铜褐色的苞片以及蜜腺、雄蕊、雌蕊组成，夏秋季节开放。

造型

筒叶麒麟的繁殖可在生长季节进行播种、扦插。其中播种繁殖的实生植株具球状肉质茎；而扦插繁殖的植株肉质茎则为不规则的块状。

筒叶麒麟为肉质茎，质地较脆，容易折断撕裂，造型方法以修剪为主，蟠扎、牵拉为辅，牵拉或蟠扎时应让植株干旱几天，使得枝条较为柔软时再进行，以免折断。也可改变植物的栽种角度，利用植物的趋光性、向上生长的习性进行造型，将直立的枝干斜着栽种，使之有一定的动势，随着时间的推移，新长出的枝条会向上生长，这样就形成了一定的弯度。

养护

筒叶麒麟喜温暖干燥和阳光充足环境，在半阴处也能生长，耐干旱，不耐阴，怕水涝，不甚耐寒。生长期应放在光照充足处养护，否则植株徒长，茎枝细长不充实，不仅影响观赏，而且抵抗力减弱，很容易造成根茎腐烂。生长期保持土壤湿润而不积水，以防水大烂根。施肥与否要求不严。夏季高温时注意通风良好，避免闷热潮湿的环境。冬季移至室内向阳处，节制浇水，停止施肥，5℃以上可安全越冬。

每1～2年的春天翻盆一次，盆土要求疏松透气、良好排水，并具有一定的颗粒度，上盆时可将根部露出土面一部分，既可防止腐烂，又能突出清奇古雅的特色。

◎ 实例《沧桑》（兑宝峰 制作）

    1.扦插成活的筒叶麒麟；

    2.经过数年的生长，株型逐渐丰满，基部也形成了隆起的块根；

    3.将其移入圆形紫砂盆中，感觉闷而呆板，不是很理想；

    4.换一个较高的长方形盆，并改变种植角度，使之呈悬崖式造型，效果虽然好点，但仍显得沉闷；

    5.换了一个六角形盆，但枝条还是太密，缺乏层次感；

    6.进一步修剪，去掉大部分枝条，并调整枝条的走势，使其疏朗通透，层次丰富。

飞龙

Euphorbia stellata

飞龙根部古朴苍劲，茎枝翠绿飘逸，是一种颇具异域风情的多肉植物。

飞龙盆景
兑宝峰 作品

飞龙也称飞龙大戟。为大戟科大戟属多年肉植物，植株具灰白色或浅褐色萝卜形根状茎；其顶端生长着扁平的片状肉质茎枝，初期向上生长，以后逐渐平展，下垂生长，并稍扭曲，表皮深绿色，有"人"字形或"八"字形花纹，在阳光充足的环境中花纹尤为明显。边缘呈粗锯齿状，刺红褐色，生于茎的边缘，2枚一组，呈"V"字形排列。小花黄绿色，生于刺座旁边，生长季节开放。

斑锦变异品种有飞龙锦，茎枝上有黄色斑纹。同属中有近似种怪奇岛，茎枝呈三棱形。在大戟科多肉植物中有不少种类根部古朴虬曲，枝条青翠，像狗奴子大戟、人参大戟等，均可用于制作盆景。

造型

飞龙的繁殖可在生长季节播种或扦插。其肉质根虬曲多姿，可利用这个特点，制作以观根为主的盆景。生长多年的植株枝条修长飘逸，可作

飞龙盆景
兑宝峰 作品

下垂造型，但要注意修剪，剪除多余的枝条，使之错落有致，自然飘逸。

养护

参考筒叶麒麟。需要指出的是，飞龙易萌生侧枝，会使得株型杂乱，可及时剪去影响美观的乱枝（剪下的枝条可供扦插繁殖），以保持株型的疏朗。

金麒麟

Euphorbia franckiana f.cristata

金麒麟形态奇特，植干盆中清奇古雅，古朴厚重，像奇石、山峦却又有生命，很有特色。

🔲 金麒麟盆景
张国军 作品

金麒麟别名帝国缀化，在一些地方也被称为厚目或厚目麒麟。为大戟科大戟属多肉植物帝国柱的缀化变异品种，其生长点则横向发展，而且连成一条线，使植株呈扇形，表面有龙骨状凸起，而生长多年的植株，其肉质茎扭曲盘旋，酷似一座层峦叠翠的山峰，表皮深绿色，刺黑褐色，生长旺盛时，生长点附近呈红褐色，小叶绿色，不甚显著，而且早脱落，因此给人的印象是植株始终无叶。

近似种有春峰（*Euphorbia lactea f. cristata*）及其斑锦变异品种'春峰之辉'等。

造型

金麒麟的繁殖可在生长季节进行扦插或嫁接。

金麒麟形似山峰或奇石，不必作过多的修饰，直接上盆就是一件很好的盆景。但上盆时应注意植物在盆中的位置，或偏左或偏右，尽量不要居中，以免作品显得呆板。为了美观，还可在盆面铺上一层石子或砾石，也可栽种薄雪万年草等习性强健的小型多肉植物，但不必铺青苔，因

为青苔喜湿度较大的环境，会因土壤湿度过大，使金麒麟的肉质茎腐烂。

养护

金麒麟喜阳光充足和温暖干燥的环境，稍耐半阴，耐干旱，怕积水，不耐寒。不论任何时候都要给予充足的光照，以使肉质茎肥厚充实。但长期在室内摆放观赏的植株或在其他光照不足处养护的植株不要突然拿到阳光下暴晒，否则会灼伤茎的表皮。生长期浇水掌握"不干不浇，浇则浇透"的原则，避免盆土积水，以免造成烂根。5～9月的生长期，可每10天左右施一次腐熟的稀薄液肥或"低氮高磷钾"的复合肥。冬季移至室内光照充足处，控制浇水，能耐5℃的低温。金麒麟会出现返祖现象，可在生长季节将其割下，以保持盆景的完美，切割时伤口会有乳白色浆液流出，应注意清理。

3年左右春季翻盆一次，盆土要求疏松透气、排水良好。

山影拳

Cereus pitajaya

山影拳形似跌宕起伏的山峦，在种类繁多的多肉植物中独树一帜，在盆景中可用来表现郁郁葱葱的青山绿水景观。

山影拳盆景
玉山 摄影

山影拳也称山影、仙人山。为仙人掌科天轮柱属几个柱形品种石化变异的总称。肉质茎岩石状，根据品种的差异，皮色有浅绿、深绿、蓝绿、墨绿等。刺的颜色有黄、棕、褐、黑等，有些品种刺座或生长点上还有极短的白色茸毛，如同点点残雪。刺座排列的疏密程度和刺的软硬、长短也不尽相同。

山影拳的命名因地区不同而异，如北京、天津一带根据石化程度的不同（即"石化瓣"的大小）分为粗码、细码、密码；而河南一带则称为太湖山（有景太湖、云太湖、密毛太湖以及大瓣太湖、中瓣太湖、小瓣太湖之分）、黄毛山、青山等；也有地方将其分为狮子头、金狮子、群狮子、岩狮子和虎头山影、核桃山影等。

造型

繁殖可在生长季节割取健壮充实的肉质茎扦插；对于一些珍贵品种，还可嫁接繁殖。

山影拳的形态酷似山石，在制作盆景时可参考山石盆景的形式，以山影拳替代山石，栽种时注意高低的错落，主次的分明，并注意不要过于密集，以给植物留下足够的生长空间，并使作品视野开阔。

养护

山影拳喜温暖干燥和阳光充足的环境，耐干旱和半阴，怕积水，有一定的耐寒性。生长季节可放在阳光充足、通风良好的室外养护。肥水不必过大，否则会出现"返祖"现象，使肉质茎长成原来的柱状。夏季高温时，要加强通风，避免闷热的环境，以免闷热干燥引起红蜘蛛危害，而闷热潮湿则会导致肉质茎腐烂。

冬季保持0℃以上，土壤不结冰即可安全越冬。每2~3年换盆一次，土宜用排水透气性良好的砂质土壤。

TIPS 缀化变异与石化变异

缀化变异与石化变异均为多肉植物形态上的变异。前者植株顶部的生长锥不断分生，加倍而形成许多生长点，而且横向发展连续成一条线，使得植株长成一个扁平、扇形、鸡冠状的带状体。栽培多年的缀化植株扭曲重叠呈波浪状，似奇石，像山峰。而后者植株所有芽上的生长锥分生都不规则，而使得整个植株的肋棱错乱，不规则增殖而长成参差不齐的岩石状。

露镜

Pilea serpyllacea 'Globosa'

盆景趣味盎然，颇受人们喜爱。

露镜株型紧凑，叶子晶莹可爱，用其制作

露镜盆景
兑宝峰 作品

露镜为荨麻科冷水花属多肉植物，植株多分枝，呈低矮的小灌木状；茎半透明状，肉质叶椭圆形球状，上半部凸起，墨绿色，下半部呈半透明状，在阳光强烈的环境中，茎、叶均呈粉红色，乃至紫红色。小花生于叶腋，雌雄异株或同株，异花，雄花白色，雌花紫红色。

造型

露镜的繁殖以扦插为主，在生长季节可随时进行（如果有完善的保温措施，冬季也可进行），但要避开炎热的夏季。剪取健壮充实的茎枝（插穗长短要求不严），插入培养土中，以后保持土壤湿润，很容易生根成活。

露镜株型紧凑，枝叶自然成云片状型，但其茎质脆，易折断，通常用修剪的方法造型，上盆后剪去杂乱的枝条即可。

养护

露镜喜温暖湿润的和充足而柔和的阳光环境，不耐寒，也不耐阴，在半阴处生长良好。主要生长期在春、秋季节，应给予充足的光照，如果光照不足会造成植株徒长，长势羸弱，且失去紧凑的株型和靓丽的颜色，摆放时也要将观赏面朝着有光照的一面，以利用植物的趋光性，调整植株的生长方向，保持株型的美观。露镜虽然有一定的耐旱能力，但长期缺水也会造成叶子干瘪，色泽黯淡，严重时甚至导致植株死亡，因此平时一定要保持土壤有一定的湿润度，浇水时要浇透，但也不宜长期积水，以免烂根。每20天左右施一次薄肥，以满足生长对养分的需求。夏季高温季节，植株生长缓慢，甚至停滞，可将植株移至通风良好、无直射阳光处养护，以免强光灼伤叶子，并停止施肥，控制浇水。露镜的耐寒能力不是很强，冬季可移至室内光照充足处，温度不可低于10℃。

　　露镜的萌发力很强，如果任其生长，会使得植株凌乱，因此可在生长季节进行修剪整型，剪除影响美观的枝条（剪下的枝条可供扦插繁殖）。

　　每2年左右翻盆一次，一般在春季或秋季进行，盆土要求疏松肥沃、含腐殖质丰富，可用草炭土掺少量的蛭石或珍珠岩混合配制。

🈳 独秀
兑宝峰 作品

🈳 露镜盆景
兑宝峰 作品

🈳 露镜盆景
兑宝峰 作品

凤尾兰

Yucca gloriosa

凤尾兰叶子挺拔，根干古朴，是一种具有阳刚之美的多肉植物。

⑮ 竞秀
范鹤鸣 作品

凤尾兰别名凤尾丝兰、菠萝花。为龙舌兰科丝兰属多肉植物。植株丛生，具茎，有时有分枝，肉质叶密生呈莲座状排列，叶剑形，浅灰绿色，质硬，中间稍外凸，顶端有坚硬的刺；大型圆锥花序，花铃形，白色，每年都能开花。

凤尾兰及其同属的丝兰（*Yucca smalliana*）与龙舌兰属的剑麻（*Agave sisalana*）很相似，甚至有人将之当作剑麻，仔细观察，二者还是有很大区别的。

造型

凤尾兰的繁殖以分株为主。制作盆景可攫取多年生的老株，剪除多余的枝叶及根部，选择大小、形状适宜的盆器，直接上盆即可。栽种时注意角度的选择，尽量把肥硕的根茎露出来，以彰显其古朴苍老的韵味。

养护

凤尾兰喜温暖干燥和阳光充足的环境，适宜在排水良好的砂质土壤中生长。生长期放在室外空气流通处养护，不必浇太多的水，一般不必施肥。冬季移入室内，控制浇水，不低于0℃可安全越冬。

⑮ 凤尾兰盆景
玉山 摄影

沙漠玫瑰

Adenium obesum

沙漠玫瑰根、干肥硕古朴，花色娇艳，而且耐干旱，是很好的盆景材料。

灿烂
张旭 提供

沙漠玫瑰别名胡姬花、天宝花。为夹竹桃科沙漠玫瑰属多肉植物，植株呈灌木或小乔木状，具发达的肉质根，茎、枝也均为肉质，基部膨大；叶倒卵形至椭圆形、长条形，集生在枝头；花冠漏斗形，以红色为主，兼有其他颜色，花期春夏，如果气候适宜，其他季节也能开花。其园艺杂交种极为丰富，有重瓣、半重瓣花型，花色有红、粉、白、黄以及近似于黑色的紫红色和复色、镶边等多种颜色，此外还有花叶品种。

本属尚有索马里沙漠玫瑰（*Adeninum somalense*）以及南非沙漠玫瑰、狭叶沙漠玫瑰、多花沙漠玫瑰、索科特拉沙漠玫瑰等种类，也可用于制作盆景。

造型

沙漠玫瑰的繁殖可用播种或扦插、嫁接等方法。其中播种的实生苗有膨大的茎基；而扦插的植株则无膨大的茎基；嫁接则多用于优良园艺种

的繁殖。

沙漠玫瑰盆景有大树型、悬崖式、临水式、斜干式、丛林式、怪异式等多种造型，其生长多年的老桩盘根错节，苍劲古朴，堪与榕树的根系媲美，造型时应突出这个特点，将根系提出土面。因其茎、枝均为肉质，质脆，易断裂，可通过改变种植角度达到所需的造型，并剪除多余的枝条，形成或疏朗通透，或圆润流畅的树相。对于不到位的枝条，可进行牵拉或蟠扎，操作前应控水一段时间，使枝条变得相对柔软时再进行，以免折断或撕裂。

沙漠玫瑰喜干旱怕积水，盆面不必铺青苔，否则会造成烂根，可在盆面撒些砾石、石子等颗粒性材料，以增加通透性，有利于根系的发育。

养护

沙漠玫瑰生长在非洲热带的沙漠中，喜高温干燥和阳光充足的环境，耐干旱和高温，不耐

163

寒，怕积水。平时给予充足的阳光，即使盛夏也不必遮光，但要有良好的通风，避免闷热潮湿的环境；雨季注意排水，避免盆土长期积水。冬季保持土壤干燥，能耐10℃左右的低温，虽然冬季叶片会脱落，但翌年春天还会有新叶长出。平时注意修剪，将过长的枝条剪短，春季进行一次修剪整型，剪除交叉重叠枝、病虫害枝、弱枝或其他影响美观的枝条；开花时亦可摘除部分叶子，以彰显满树繁花的景象。

每2~3年的春季清明前后换盆一次，盆土要求疏松肥沃、具有良好的排水透气性，并含有适量的石灰质，可用肥沃的腐叶土或草炭土、沙土各一半，并掺入少量的骨粉等石灰质材料。栽种时可将部分根茎露出土面，使其虬曲多姿，更加美观。

吐翠
张旭 提供

沙漠玫瑰盆景
玉山 摄影
王文鹏 提供

岁月留痕
王文鹏 提供

韵
王文鹏 提供

沙漠玫瑰盆景
王文鹏 提供

沙漠玫瑰盆景
王文鹏 提供

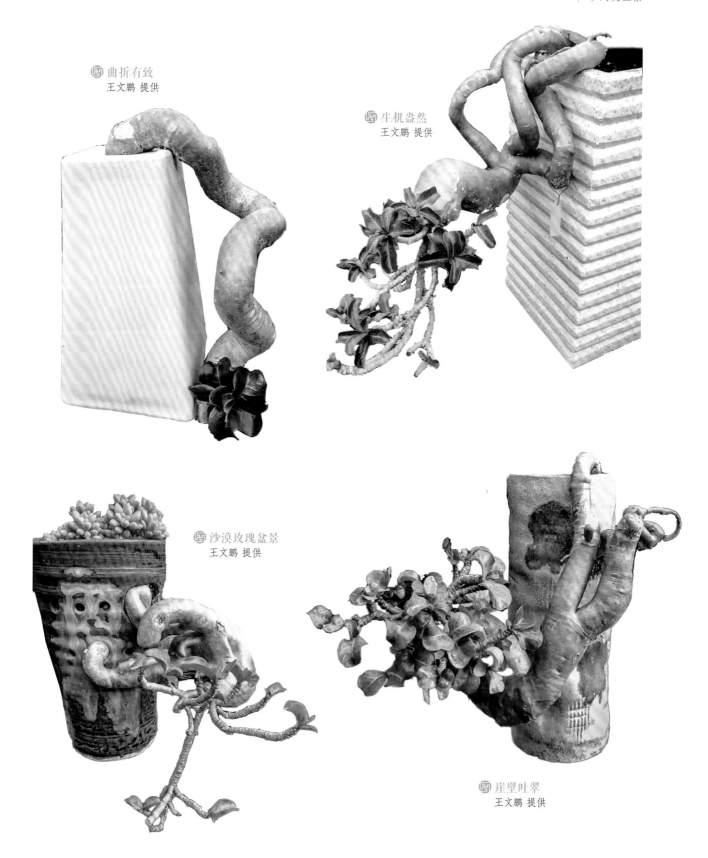

曲折有致
王文鹏 提供

生机盎然
王文鹏 提供

沙漠玫瑰盆景
王文鹏 提供

崖壁吐翠
王文鹏 提供

妖精之舞

Anacampseros albissima

妖精之舞形态奇特飘逸，制作盆景时应表现出植物的物种特色。

㊙ 妖精之舞盆景
兑宝峰 作品

妖精之舞为马齿苋科回欢草属多肉植物。植株具肉质根状茎，茎枝丛生，有分枝，初直立生长，以后逐渐下垂生长，表面覆有白色鳞片状纸质叶，具丝状小托叶，花生于茎枝的顶端，白色或白绿色，花期夏季，通常在阳光充足的午后开放，每朵花只能开1个小时左右。

妖精之舞的近似种有银蚕（*Anacampseros papyracea*）、褐蚕（*A. ustulata*）等，也可用于制作盆景。

造型

妖精之舞的繁殖以播种和扦插为主。其茎枝柔软，自然下垂，常作垂枝式造型。方法是将其根状茎提出土面，作为"树"的主干，或直或斜栽于小盆中，任其枝条下垂，并在盆面点缀赏石，以平衡画面。

养护

妖精之舞原产南非、纳米比亚，喜温暖干燥和阳光充足的环境，耐干旱，怕积水，春秋季节的生长期给予充足的光照，浇水掌握"不干不浇，浇则浇透"的原则。因其生长缓慢，不需要太多的养分，可不必施肥，也可将颗粒性缓释肥放在盆土中，释放养分，供植株吸收。夏季的高温季节植株生长缓慢，可放在通风良好处养护。冬季移入室内阳光充足之处，控制浇水，不低于0℃可安全越冬。盆土要求疏松透气，具有较粗的颗粒度，并有一定的肥力。可用赤玉土、鹿沼土等颗粒材料，掺入少量的草炭等，也可用配好的多肉植物专用土栽种。

玉叶

Portulacaria afra

玉叶枝干古雅，叶小而密集，色泽翠绿光亮，具有大树的风采，是较为常见的盆景植物。

ⓛㄍ 绿树明珠
张金回 作品

玉叶中文学名树马齿苋或马齿苋树，商品名"金枝玉叶"，此外，还有绿玉树、银杏木、公孙木等别名，在河南等一些地区也被称为"小叶玻璃翠"。为马齿苋科马齿苋树属常绿肉质灌木，茎肉质，紫褐色至浅褐色，分枝近水平伸出，新枝在阳光充足的条件下呈紫红色，若光照不足，则为绿色。肉质叶倒卵形，交互对生，质厚而脆，绿色，表面光亮。斑锦变异品种有"雅乐之舞"和"雅乐之华"，其叶片有黄白色斑纹。

造型

玉叶的繁殖可在4～10月剪取健壮充实的枝条进行扦插，温室内则全年都可以进行，插穗长短要求不严，插前去掉下部叶片，晾2～4天，使切口干燥后，插于土壤中，很容易生根。"雅乐之舞"叶片呈黄白色，所含的叶绿素不多，合成的营养物质较少，所以长势较弱，可用生长多年、根干古雅多姿的马齿苋树做砧木，当年生充实健壮的"雅乐之舞"枝条作接穗，以劈接的方法进行嫁接。

玉叶盆景的造型有大树型、斜干式、直干式、曲干式、悬崖式、丛林式、附石式等，树冠既可加工成规整的馒头式、三角式、云片式，也可加工潇洒的自然式，无论哪种形式都要注意其变化，做到层次分明，疏密得当。造型时间多在生长季节，方法以修剪为主，蟠扎为辅，由于是肉质茎，蟠扎时不要将金属丝勒进其表皮，否则会造成肉质茎撕裂。玉叶萌发力强，可根据造型需要进行重剪，将不需要的枝条全部剪除（剪下的枝条可用于扦插繁殖），其根系发达，可进行提根，使盆景悬根露爪，古朴苍劲，具有较高的观赏性。

"雅乐之舞"枝条扶疏，长枝稍微下垂，树冠多采用自然式，潇洒飘逸，疏密得当，很有特色。也可利用其叶片细小密集的特点，经常修剪，促发小枝，将树冠培养成紧凑的三角式或馒头式。

养护

　　玉叶喜温暖干燥和阳光充足的环境，耐干旱和半阴，不耐涝，也不耐寒。生长期可放在室外光照充足、空气流通之处养护，这样可使株形紧凑，叶片光亮、小而肥厚。但夏季高温时可适当遮光，以防烈日暴晒，并注意通风，以避免闷热环境对植株生长造成不利影响。在荫蔽处虽然也能生长，但茎节之间的距离会变长，叶片大而薄，且无光泽，影响观赏。生长期浇水做到"不干不浇，浇则浇透"的原则。生长期每15~20

天施一次腐熟的稀薄液肥或复合肥。因其萌发力强，应经常修剪、抹芽，以保持树形的优美。冬季放在室内阳光充足处，停止施肥，控制浇水，温度最好在10℃以上，5℃以下植株虽不会死亡，但叶片会大量脱落。

　　每2~3年的春季翻盆一次，盆土可用中等肥力、排水透气性良好的砂质土壤。翻盆时剪除弱枝和其他影响树形的枝条，并剪去部分根系，剔除1/3~1/2的原土，用新的培养土重新栽种。

　　玉叶的病虫害不多，主要有因盆土通透性差，积水造成的烂根，冬季温度过低引起的落叶，可改善栽培环境进行预防。

玉树临风　聂少魁 作品

吐翠　魏玉坤 作品

玉叶盆景　王作义 作品

玉叶盆景　禹端 作品

玉叶盆景
常运生 作品

碧玉
聂少魁 作品

碧玉
常运生 作品

崖壁涌翠
唐庆安 作品

附石式玉叶盆景
谭广颐 作品
刘少红 提供

参考文献
REFERENCE

兑宝峰. 2016. 盆景制作与赏析——松柏杂木篇 [M]. 福州：福建科学技术版社.

兑宝峰. 2016. 盆景制作与赏析——观花观果篇 [M]. 福州：福建科学技术出版社.

兑宝峰. 2017. 掌上大自然——小微盆景的制作与欣赏 [M]. 福州：福建科学技术出版社.

兑宝峰. 2018. 盆艺小品 [M]. 福州：福建科学技术出版社.

兑宝峰. 2019. 多肉植物图鉴 [M]. 福州：福建科学技术出版社.

杰瑞米·塞古达. 2019. 苔玉：苔藓中的自然精华 [M]. 译林苑（北京）科技有限公司译.
　　北京：中国林业出版社.

陶隽超, 刘嘉. 2018. 山野草趣 [M]. 北京：中国林业出版社.